ÉVOLUTION PACIFIQUE DES SOCIÉTÉS DE FOI EN SOCIÉTÉS DE SCIENCE

LE PARIS DE L'ÈRE DE LA SCIENCE

CAPITALE DE L'UNIVERS

PAR

J. STRADA

Je ne comprends pas qu'après les ouvrages de Strada sur la Méthode, on n'ait pas réorganisé l'instruction.

CHALLEMEL-LACOUR

AU TEMPLE DE LA RELIGION DE LA SCIENCE
74, AVENUE HENRI MARTIN, 74
PARIS

1899

LE
PARIS
DE
L'ÈRE DE LA SCIENCE
CAPITALE DE L'UNIVERS

LE

PARIS

DE

L'ÈRE DE LA SCIENCE

CAPITALE DE L'UNIVERS

PAR

J. STRADA

AU TEMPLE DE LA RELIGION DE LA SCIENCE

74, AVENUE HENRI MARTIN, **74**

PARIS

1890

Au

Président de la République

aux

Ministres, aux deux Chambres

au

Préfet de la Seine

au

Conseil Municipal

aux

Académies

PRÉFACE

I. — *Mirabeau était fier de son livre sur les embellissements de Paris. Le temps les a augmentés. Je voudrais en ajouter de nouveaux correspondant aux idées que la science impose aux sociétés modernes.*

Paris a été appelé la Capitale de l'univers.

Pour se maintenir à ce rang au milieu de l'accroissement prodigieux des autres peuples, il faut qu'il représente réellement l'ère de la science avant que les concurrents n'y aient pensé. Il n'y a pas à reculer. C'est là le progrès qu'ont à réaliser les capitales, les cités modernes. On ne peut s'arrêter dans la voie du progrès par la science.

Je dis donc à Paris : Ville auguste, qui, depuis Charlemagne, le grand empereur uniquement FRANÇAIS, *as été, presque sans interruption, la tête de l'esprit humain par notre idéal salique inconnu de* tous *les autres peuples, ton grand rêve de Justice et de méthode : « chercher la* CLEF *de la science et la Justice » ne s'accomplira dans la liberté et l'ordre que par la Méthode-Science faite.*

Cet idéal est l'essence même du cœur Français.

Il date, je l'ai prouvé dans l'Histoire et dans l'Epopée de la fondation de notre patrie par nos vrais pères, les Franks. Consciemment ou inconsciemment il a toujours été poursuivi par Charlemagne, par les chevaliers du peuple, par Abeylar, les penseurs, les poètes, par les cahiers, c'est-à-dire par la nation entière. qui là même imposé parfois à ses féodaux et à ses rois. La Révolution a été son explosion complète. On a pu y voir sa grandeur et son impuissance. Le but était haut : la Justice et la clef de la science c'est-à-dire la Méthode ; Mais le critérium n'était que la raison. *Par là tout sombra.*

L'expérience des siécles, celle du notre, si effroyable encore, depuis ses premiers jours jusqu'aux derniers, montre donc que les conducteurs fidéistes et rationalistes sont, malgré les plus superbes efforts, impuissants à organiser les sociétés dans l'ordre libre et la Justice.

II. — Je n'ai donc pas seulement pour but d'embellir Paris, je voudrais en faire par ses monuments la cité symbole de l'idéal scientifique et social de la France, je dirai même du monde, car toute science faite est universelle et accomplit l'unité des esprits et des nations. Je voudrais en un mot qu'elle fut le symbole de la Fédération des peuples, cet idéal que depuis plus de cent ans la France a donné au monde et qu'on reprend par bribes qui n'ont pas de vie. Je voudrais le montrer réalisé et vivant d'avance, pour inviter tous les peuples si âprement dressés les uns contre les autres, à cette union magnifique. C'est l'instant, ils vont se trouver rapprochés une heure pour l'exposition. Mais qu'en sortira-t-il ? La jalousie économique, la colère du lucre, la fureur de la primauté des ventes. Je voudrais qu'on vit plus loin et plus haut, et qu'au dessus des antagonismes méprisables on sentit la grande union possible.

Faute du criterium scientifique l'Idéal français, son haut désir n'ont pu être réalisés. Tant de sublimes tentatives, tant de dévouements, de puissantes combinaisons des génies n'ont abouti qu'à des avortements, parceque le critérium Foi *est la servitude et le critérium* Raison *le* désordre. Le critérium scientifique seul parcequ'il est impersonnel et supérieur à l'homme a ce pouvoir. La logique expresse veut donc que Paris devienne le symbole monumental de l'ère de la science, car les villes sont toujours un symbolisme de leurs croyances, de leurs pensées, de leurs organisations.

III. — Ce livre fut écrit il y a déjà de longues années. Mes travaux m'ont empêché de le faire paraître, si quelques uns des désidérata qu'il exprimait (et dont j'ai retranché une grande partie) ont été mis en œuvre, il en contient assez d'autres pour être très neuf. Il vient trop près de l'exposition. Mais ce n'est que dans les heures d'émotion qu'il faut dire aux Français de changer quelque chose à la routine de leur paresse. Que l'on accomplisse au moins ce que l'on pourra ; car, le coup de tête passé, l'on agit pas chez nous avec une suite voulue et tenace. On fera bien de profiter de l'élan, ou tout dormira d'interminables années. Tout se fera sans doute ; mais quand d'autres nations auront profité de cette initiative.

TITRE PREMIER

PARIS OFFICIEL

CHAPITRE PREMIER

LA VOIE TRIOMPHALE

I. — Commençons par l'entrée. Elle doit faire comprendre dès l'abord, l'âme de la France.

Athènes, Rome avaient des portes, des voies triomphales, où l'art avait accumulé ses chefs d'œuvres de sculpture et d'architecture. Paris doit en présenter de plus beaux encore, car notre idéal est plus haut que celui de tous les peuples du Passé et du Présent.

A Athènes, à Rome, les arcs de triomphes, les colonnes, les statues se succédaient à chaque pas dans les voies qui montaient au Parthénon ou au Capitole. Il faut à Paris cette grandeur de l'art conduisant aux monuments qui symbolisent réellement et fortement l'idéal de la Patrie.

On fait aborder les Rois, les Empereurs à l'infime gare de Passy. L'agréable jardin du Ranelagh suffit pour une entrée de chateau de plaisance, non pour le vestibule de la capitale de l'Idéal humain.

Les capitales des autres empires étalent leur rêve de commandement, d'intérêts cyniques. Paris ne doit jamais oublier qu'il est la ville de l'unité du monde, de la Fédération des peuples, comme a dit la Révolution, dans un mot qui contient le plus ardent amour de l'humanité.

On doit dès l'entrée lire la traduction de cette pensée intime et sublime dans ses monuments. Quoique fassent les autres nations, ce titre de gloire ne revient qu'à la France. Elle seule a un but supérieur à elle-même, à l'intérêt, à la force ; car seule elle a cet idéal de la *Fédération univer-selle des Peuples*. Elle a donné ce but au monde il y a plus de cent années ; en son cœur elle le conserve toujours. Elle est par là l'amour, l'unité du genre humain. Les peuples le sentent. Paris est la ville cosmopolite; nulle autre cité ne peut avoir ce rôle. On les visite ; on est chez soi à Paris. C'est moins par les plaisirs que par ce grand sentiment qu'on y est attiré. Il est la patrie de tous. Le roman travestit en vain cette haute émotion.

Les autres nations sans doute aspireraient à une unité, mais comme le Sénat où les empereurs romains pour dominer et exploiter le monde. Même les Républiques en sont là, nous le voyons.

Rien de tel dans l'Idéal de la Révolution Française : Affranchir les peuples, non les conquérir ; les avoir pour frères et alliés, non peser sur eux comme sur des exploités et des esclaves. L'Amérique, l'Angleterre, l'Allemagne et le reste n'ont que l'idéal secret ou avoué de la domination, de l'exploitation. Elles abaissent les peuples conquis ; la France les relève et les fait libres, les appelle à la Fraternité.

L'entrée de Paris doit exprimer notre idéal dans toute sa grandeur et sa précision.

Aurions nous de gigantesques percées à faire pour cette voie unique au monde ? Non. Elle s'est faite toute seule. Nous n'avons qu'à en tirer parti, à lui donner son vrai nom, son véritable sens, et à la décorer des ornements qui en exprimeraient le caractère en son intime et pénétrante beauté.

En une année tout peut-être fait ici ; nos sculpteurs, nos architectes attendent et exulteront de joie et de génie.

Cette entrée doit conduire aux monuments qui diront l'âme universelle de la France et sa puissance de rayonnement dans le genre humain.

II. — Cette voie officielle et triomphale s'ouvrirait au

chemin de fer de Courbevoie. Elle conduirait directement jusqu'à l'intérieur de Paris par les Avenues de Neuilly, de la Grande Armée et des Champs-Elysées.

On construirait, au-delà du chemin de fer, une Gare monumentale dont la sortie sur Paris formerait une façade grandiose. Le Rond-Point de Courbevoie recevrait un Arc de Triomphe. La France appelant les Peuples à la Fédération serait au sommet, colossale.

Autour de la place serait une colonnade qui porterait les statues de toutes les nations de la terre, sauvages et civilisées, appelées à la Fédération par la France, et non à l'exploitation comme le font les peuples conquérants et les rapaces, tous peuples du mal.

Ce serait la *Place de la Fédération des Peuples.* Elle conduirait à l'Avenue de la Fédération, qui traversant Courbevoie et Neuilly aboutirait à l'Arc de Triomphe de l'Etoile·

Un second arc de triomphe serait construit à la porte Maillot en un rond-point entouré de constructions analogues à la Place Vendôme. Il serait consacré à symboliser par un groupe les nations unifiées se serrant les mains. Ce serait l'ère de la paix universelle par la Fédération des Peuples.

Le long de l'avenue depuis Courbevoie jusqu'à la Place de la Concorde, où s'élèverait des colonnes élégantes assez rapprochées ; sur elles, les statues de tous les grands hommes, qui, des temps les plus reculés et dans tous les pays ont travaillé au bonheur du monde.

Cette unité magnifique, vue, sentie, s'imposant, causerait par des affirmations matérielles, pleines de beauté, plus d'abnégation dans les âmes que les invitations stériles à la concorde, à l'avenir, à la paix. La grandeur d'âme de la France s'imposerait à tous, ignorants et savants, car elle mettrait les statues des peuples ses ennemis, avec celles de ses grands hommes. Cette entrée serait la *Voie Triomphale* de Paris capitale de l'unité humaine.

III. — On peut varier ce projet de décoration.

La gare artistique et riche serait toujours placée au che-

min de fer, au delà de la voie après le rond-point de Courbevoie. Un portique unique, élégant et léger, de colonnes
sveltes et cannelées partant de ce débarcadère se continuerait
jusqu'à la place de la Concorde et de cette immensité ne
ferait qu'un monument.

Ce portique ornerait donc l'avenue de son point supérieur
au débarcadère du chemin de fer, il enfermerait le rond-
point de Courbevoie sur lequel s'élèverait l'arc de triomphe
représentant la France appelant à l'unité. Il traverserait le
pont élargi pour le recevoir, arriverait à l'arc de la porte
Maillot, puis à l'arc de triomphe de l'Étoile qu'il entourerait,
descendrait les Champs–Élysées jusqu'à la place de la Concorde qu'il enceindrait également du côté des Champs-Elysées et du jardin des Tuileries, cachant son misérable mur.

Cette triomphale entrée, prendrait le nom de voie de la
Fédération des peuples jusqu'à l'arc de l'Etoile, ou jusqu'à la
porte Maillot, si l'on veut garder le nom guerroyant de la
Grande armée, qui certes mérite un pieu xsouvenir, mais fait
ici trop oublier l'unité humaine. On conserverait le nom charmant des Champs-Elysées qui symboliseraient le bonheur de
la paix par la Fédération.

On élèverait au milieu du rond-point de la porte Maillot
un arc de triomphe rappelant les victoires de la liberté dans
l'histoire, depuis les Thermopyles, qui sauvèrent la pensée
humaine, jusqu'à celles de la Révolution Française qui l'ont
établie dans le monde moderne. Cet arc ferait pendant à ceux
de Courbevoie et de l'Etoile. Sur le faîte duquel on placerait
le génie de la gloire. Ces statues géantes seraient des phares
qui la nuit éclaireraient de la place de Courbevoie à la place
de la Concorde ces propylées de la Liberté.

Sur le portique on élèverait les statues de tous les grands
combattants du progrès dans tous les âges et de tous les
pays.

Pour cette décoration il faudrait le marbre, seul corps
assez distingué et délicat. Un tel monument serait d'un prix
considérable ; à son défaut on pourrait construire en fonte

fine la carcasse du portique, dans laquelle on encastrerait par placage les marbres blancs. Les statues seraient en marbre, les soubassements et les piédestaux en granit blanc. Cette architecture toute blanche où le marbre jouerait un rôle prédominant aurait une élégance une distinction de bel effet décoratif.

Si l'on trouve ce second projet trop coûteux ou encombrant, on peut se contenter du premier : colonnes cannelées de distance en distance. Elles occuperaient le même parcours, et porteraient au faîte les statues des hommes de progrès et de liberté. Dans tous les cas il faudrait masquer le mur du Jardin des Tuileries par le portique et le placer aussi au bas des Champs-Elysées sur la place qu'il dessinerait nettement.

En fait d'embellissement des Capitales il faut créer cet axiome : dépenser c'est gagner. Embellir Paris c'est l'enrichir, c'est le grandir parmi les nations et, par lui, grandir la France. Une telle décoration originale et grandiose attirerait l'univers qui ne demande qu'à venir et revenir à Paris.

IV. — On peut aussi varier le projet des statues sur les arcs de triomphe. Celui de la porte Maillot pourrait être consacré aux victoires inouïes de la République, qui donnaient à la Patrie tous les Franks, d'outre Rhin, ses frères, avec qui Charlemagne avait organisé l'Europe, vaincu les Allemands, les Lombards, les Mores éternels envahisseurs, comme Attila même. Les Allemands, les Anglais et bien d'autres, gardent toujours hélas, les mêmes projets d'invasion, et les mœurs implacables qui en sont la conséquence.

Cet arc de triomphe consacré aux victoires de la République devrait indiquer clairement leur différence avec celles de l'empire, à savoir que ces victoires n'ont été accomplies que pour affranchir la France envahie et le monde, que pour établir l'unité des peuples libres et non l'asservissement impérial, conception absolument anti-Française, par laquelle Napoléon nous faisait retomber à l'idéal des Peuples du mal.

J'avoue cependant que voulant faire dominer l'idéal de la Fédération, je préférerais éloigner toute idée de lutte si légitime et sublime qu'elle ait été.

CHAPITRE II

LES TEMPLES DE L'IDÉAL FRANÇAIS

I. -- La place de la Concorde s'appellerait p'ace de la Concorde Universelle. Elle conduit aux deux monuments qui doivent exprimer toute l'âme de la France.

L'Eglise de la Madeleine ne répond réellement à aucun idéal français. Temple catholique, elle a été construite pour être temple la Victoire. Ce nom nous l'effacerons, comme le mauvais souvenir des luttes de l'autocratie impériale, crise passagère, contraire au grand idéal de notre patrie.

Je demande qu'on l'appelle le TEMPLE DE LA FÉDÉRATION UNIVERSELLE.

La Madeleine et St-Augustin se touchent presque ; on pourrait donc transporter la paroisse de la Madeleine à l'Eglise vide de l'Assomption, qui changerait de nom, si l'on veut.

Les Temples catholiques, protestants, juifs, appuyons-y, ne correspondent en rien à l'idéal Français. Ils n'ont eu leur rôle dominant qu'aux heures de ténèbres du monde antique et du moyen-âge. Ils sont en contradiction avec la tendance scientifique du monde moderne.

L'Église de l'Assomption d'ailleurs a une cour qui suffit pour établir une vaste nef ; elle aurait environ la capacité de la Madeleine.

Dans l'ère de la science les cultes des Fois ne sont plus que tolérés ; l'Etat ne leur doit accorder aucun secours. Si l'on conserve des monuments des anciens cultes, ce n'est qu'à titre d'œuvres d'art. Chaque culte doit se suffire à lui-même, payer lui-même ses temples. Ici, l'État pourrait prendre à son compte les frais d'agrandissement de l'Église de l'Assomption. Ils ne seraient pas très considérables.

La Madeleine trouverait ainsi un emploi correspondant à son style architectural aussi bien qu'au génie de notre Patrie.

En face de la Madeleine est un laid monument, lourd et camard, la Chambre des Députés; nous verrons plus loin où doit être reporté le cénacle des représentants ; sans nul doute au centre du travail. C'est sa vrai place, et non le quartier corrupteur de la grande vie, de la promenade, qui invite à la dissipation, à l'amour du luxe. Cette situation a déjà été fatale à la moralité de plusieurs. Combien ont succombé à la tentative du plaisir et de la richesse. On ne les connait pas tous.

Or, ce monument pourrait être facilement embelli. En cannelant les colonnes on l'allégerait. En sculptant un fronton correspondant à son but nouveau ; en mettant aux angles et au faite de ce fronton des groupes de statues appropriées, on lui oterait son apparence abaissée et vraiment misérable.

Il serait consacré à la RELIGION DE LA SCIENCE, culte laïque, seule religion que puisse admettre l'avenir, puisque logiquement et fatalement le culte de la certitude est appelé à remplacer tous ceux des dogmes fidéistes. Les entrevisions antiques ne sont rien que des hypothèses. Si elles ont pu autrefois élever l'humanité, elles sont aujourd'hui impuissantes à la convaincre, à la guider. L'expérience en est faite. Elles arrêtent l'humanité fatalement dans le chemin de la paix et de la certitude, qui, seule, peut fixer l'homme aux lois même de Dieu, puisqu'elles sont l'absolu certain étant lois de science faite.

A partir de l'entrée de Paris jusqu'à ce point déjà central on aurait donc un ensemble de monuments, affirmation superbe de l'idéal français, profondément humain, tout pacifique, le plus élevé que puisse jamais atteindre l'esprit et le cœur des hommes. En effet, l'élévation de l'idéal de la science totale et équilibrée, l'aspiration à l'hunité humaine suivant les lois de la science, de la religion de la science et de l'ordre social, éclateraient à tous les pas. Le critérium et la méthode impersonnels faisant l'impersonnalité des sciences, feraient l'impersonnalité des esprits, des âmes, des organisations sociales. Au lieu que nous vivons parmi les monuments de nos contradictions et de nos rages, la seule vue de ces édifices suffirait à nous rappeler à l'idéal de l'unité, à nous imprégner de cette pensée qui aménerait le bonheur humain. L'idéal matériellement écrit dans nos monuments imposerait plus aux hommes que les affirmations parlées ou écrites. Il parlerait à tous et avec une force que rien ne remplace.

Qu'on le médite : les monuments des cités ont toujours été la représentation de l'idéal religieux, scientifique et social des peuples. On ne peut nier les contradictions de nos édifices actuels avec l'idéal admirable d'amour et de fédération universelle que nous a légué la Révolution et qui est le résumé de tout le travail moral, savant et social, de notre Patrie, depuis le premier jour où elle proclamait son but dans l'idéal salique. Cette prescience si sublime, on peut à peine se l'expliquer dans une époque de telle ignorance. Pour moi, je crois que nos pères les Francs, qui se disaient fils d'Achille, eurent ici un souvenir des Grecs, près desquels ils ont habité certainement. En tous cas, jamais intuition plus étonnante, plus inouïe ne fut dans l'humanité ; car aucune ne fut aussi large, aussi magnanime, aussi profondément religieuse, parce qu'elle est à la fois aussi scientifique que morale. Pénétrez jusqu'au fond, ce *cherchez la* CLEF *de la science et la justice par ses facultés, c'est-à-dire par la Raison,* Vous serez abîmé devant cette profondeur unique.

Là est incluse la recherche de la Méthode et du critérium, qui sont en effet la CLEF de la science, de l'ordre intellectuel et de l'ordre social, la clef de tout le spirituel et de tout le matériel. La justice en découle et par conséquent l'ordre des nations en est complété et parfait. Qui comprend cela de nos jours ?

Une seule chose fait défaut : la connaissance de la cause de la certitude. Elle n'est pas, comme le croit la loi salique, dans la *Raison* ; elle est extérieure à l'homme, elle est incluse dans les lois divines mêmes, c'est-à-dire dans l'indestructible FAIT (phénomène et loi). Là est la seule cause réelle de la certitude dans l'esprit humain, (voir *Ultimum organum, Méthode générale, Loi de l'histoire, Religion de la Science, etc.*)

Cette grande erreur constatée, on peut dire que nos pères ont été bien près déjà de formuler l'idéal humain. Mais il fallait deux mille ans de recherches, de tatonnements, d'essais impuissants, d'expériences douloureuses et terribles, avant d'arriver à la SCIENCE FAITE DE LA MÉTHODE. Nous y sommes.

II. — Nous devons donc imprimer à nos constructions le grand caractère que tous les temps leur ont attribué ; nous devons montrer par eux le grand but qui a été celui de tous les royaumes, de toutes les républiques, de toutes les religions du passé : Représenter notre idéal nouveau (et celui là est impérissable) l'idéal de la certitude dans l'ordre intellectuel, dans l'ordre moral, dans l'ordre religieux, dans l'ordre social, c'est là le devoir dans nos sociétés modernes qui ouvrent l'avenir par la science.

Se contenter de proclamer l'athéisme et de détruire tout temple est un coup de tête de découragé ou d'ignorant de la science et de ses nécessités logiques, en face des horribles abus que les Fois ont traînées après elles. Ces abus sont l'excuse de l'athéisme, mais ne lui donnent pas raison.

Il faut bien méditer qu'on ne peut scinder l'esprit humain ni la science ; que la religion vraie ne peut naître en réalité que de l'essence même de la science pour s'imposer à la pensée humaine. Si les religions ont été jusqu'ici menteuses, incomplètes, et funestes, c'est que l'esprit humain, vaniteux a élevé ses propres hypothèses en certitudes dogmatisées. Toutes ont engendré les fatalités logiques qu'impliquaient leurs dogmatiques faussetés. Nous y vivons encore enserrés effroyablement, car voilà les guerres de religions qui recommencent sous une forme nouvelle.

Mais de l'essence même de la *Science faite*, en équilibre total, résulte nécessairement une religion scientifique, donc laïque, sa certitude ordonnera également les cœurs, les esprits, les sociétés. On ne peut scinder l'homme, encore un coup ; on ne peut scinder la science ; on ne peut en arrêter la logique expresse ; on ne peut empêcher l'homme d'arriver par les lois scientifiques à la conception réelle de l'au delà. La science donc doit se terminer et se termine moralement dans la *Religion de la Science*.

Nos monuments doivent le révéler au présent et l'assurer à l'avenir.

Nos édifices actuels ne sont que la représentation de nos vieilles croyances, de nos antiques fureurs, de nos exterminations. On va d'un temple à l'autre et l'on n'y entend que des excommunications et des colères qui volontiers éclateraient dans les rues, si on les laissait faire. Nous le voyons sous nos yeux.

Il faut que si nous tolérons ces divergences acharnées à se combattre jusqu'à la mort, nous ayons au moins la représentation de ce qui est l'essence même de notre âme française : *L'Unité des hommes par l'amour et par l'esprit*, ce que résume si bien le temple de la *Fédération Universelle*, uni à celui de *Religion de la Science*.

Nos pères nous ont légué une partie de cet idéal qu'ils n'ont pu réaliser ; complétons le par les sciences nouvellement acquises, *celle de la Méthode surtout*, et réalisons le enfin. Que de cœurs de nos jours, attendent cette œuvre !

Voir les travaux de MM. Gérusez, Ravaisson, Brieu, Guymiot Petit, Estaunié, Clarens, Lermina, etc., sur l'œuvre de Strada.

III. — Dans ces temples, (*celui de la Fédération, celui de la Religion de la Science*,) seraient célébrées et fêtées

toutes les grandes cérémonies de concorde universelle qu'a-
mènerait la splendide exposition qui va s'ouvrir.

Au *Temple de la Fédération* auraient lieu toutes les conférences concernant le congrès de l'unité, le désarmement
général, les explorations pacifiques, les progrès de la fédération humaine par l'amour, par la science et toutes les questions innombrables qui se rattachent à ces hautes idées.
Tous ces thèmes prendraient dans ce temple une grandeur
nouvelle et vraiment religieuse.

Au *Temple de la Religion de la Science* s'accompliraient
les cérémonies, les élévations et prédications des pasteurs du
culte laïque et universel de la science. (Voir *Religion de la
Science*.)

On aurait tout le terrain nécessaire pour donner à cet édifice les dimensions désirables. Les superbes peintures de
Delacroix s'y trouveraient beaucoup mieux en place que
dans une chambre des représentants. Elles resteraient où
elles sont. Quant à l'intérieur du Temple lui-même, Strada
offre et donne quatre cents tableaux, grands, moyens et
petits pour le décorer dignement. Cet aménagement serait
donc très peu coûteux.

Strada ferait don également d'une collection de *l'unité de
l'art*, de *tous les arts dans l'humanité*. Elle est au moins
commencée, il n'y aurait qu'à la continuer, ce qui serait fait
peu à peu.

En sorte que ce monument contiendrait la preuve de *l'unité des productions des arts humains*, *l'unité de la science*
par la bibliothèque choisie et par les œuvres explicatives et
probantes de Strada, *l'unité de la religion universelle*, certaine puisqu'elle ne serait que *l'essence des sciences faites*.

La décoration du temple montrerait par ses tableaux la
puissance du criterium et de la Méthode dans le monde, et
la représentation des hommes qui les ont donnés et ont déter-
miné les différentes civilisations.

Par l'image, les ignorants même pourraient donc facilement concevoir ces vérités, les plus profondes qui soient. Les

esprits littéraires les pénétreraient par l'*Epopée humaine*, qui en montre les développements et les passions déchaînées. Les ouvrages dé science l'*Ultimum organum*, la *Loi de l'Histoire*, la *Religion de la Science*, etc., en prouvent les certitudes aux savants.

Ce monument s'élevant en face de celui de la *Fédération des Peuples*, représenterait donc avec lui l'unité intellectuelle morale et sociale de l'humanité

IV. — Pour la décoration extérieure du *Temple de la Religion de la Science*, on apposerait en bas-relief, au fronton, les différentes nations et races humaines en contemplation devant une figure représentant la Science de la Méthode. Le fond de ce fronton pourrait être doré, aux trois angles du fronton seraient trois groupes de statues, représentant l'un l'unité de l'art humain, l'autre l'unité de la science, celui du sommet figurerait l'unité de la religion par la science. Ces statues pourraient être dorées ainsi que les chapiteaux des colonnes. Ce luxe est à sa place en la maison divine.

Des statues sur le pont représenteraient les anciens cultes aboutissant au culte scientifique et définitif. Voilà bien des statues. Les Grecs en auraient bondi de joie ; je pense que nos sculpteurs et tous ceux qui ont l'âme élevée seront de leur avis.

De même dans la rue Royale actuelle qui porterait le nom de rue de la Fédération, des statues de chaque côté conduiraient jusqu'au temple et représenteraient les diverses nations et peuples en route vers l'unité sociale.

J'appelle l'attention sur cette question que l'aménagement et la décoration de ces deux temples seraient relativement peu coûteux.

On construirait la nef du temple de la *Religion de la Science* dans la cour actuelle avec façade sur la place. On élèverait un dôme pour faire pendant à celui des Invalides. Cette construction du dôme pourrait être remise à une date plus éloignée, si on la trouvait trop coûteuse. Mais on devrait sans tarder construire la nef, la façade sur la place, et les embellissements sur la façade du quai.

V. — N'est-on point las, n'est-on point honteux, dans l'ère de la science qui s'ouvre et qui ne demande qu'à être parfaite au moyen des sciences faites de la Méthode et de la morale, n'est-on point las dis-je, de ces hideuses et ridicules bataille des Fois, où l'on se tue pour des hypothèses, des suppositions enfantines, qui sont tous les jours contredites par les sciences, quand elles arrivent à ce haut et indispen sable point : être *sciences faites* ?

Voilà la *science faite de la Méthode* ; voilà la *science faite de l'histoire* ; voilà la *science faite de la morale* ; voilà la *science faite de la Religion* ; voilà la *science faite de l'Etat social*, qui découlera logique des précédentes ; donc c'est bien l'heure d'ouvrir ces deux temples pour y appeler les savants de tous les pays et toute l'humanité.

L'exposition qui doit avoir lieu marquera les progrès matériels ; celle que je propose fixera par des signes indélébiles les progrès intellectuels et moraux de la France et de l'humanité. Qui n'aspirerait à un tel but !

Je ne demande pas de grands frais comme ceux de vos expositions. Nos deux temples sont là, vous n'avez qu'à les compléter. Tels qu'ils sont avec un aménagement peu coûteux, vous pouvez les rendre dignes de l'Idée supérieure qu'ils représenteront et que les expositions trop matérialistes cachent, hélas ! au lieu de la faire ressortir. Cette idée supérieure, c'est le vrai salut de l'humanité ; car l'idéal qui en sort c'est l'entrée des peuples dans l'unité, tandis que votre exposition est le couvert de la bataille éternelle des intérêts.

Si belles que soient toutes les inventions qui éclateront dans vos vitrines, elles sont et resteront toujours inférieures, moins réellement utiles au bonheur de l'humanité que la grande unité morale, scientifique et sociale à laquelle ces deux temples appelleront tous les hommes étrangers et français.

Nous continuons ainsi, nous appliquons l'idéal fraternel

de la Révolution ; mais nous faisons la Fédération universelle par la paix, non plus par la guerre. Nous inaugurons le
règne de l'amour.

Vous prononcez bien ce nom, mais vous le laissez dans un
vague, qui le rend impuissant, qui le dépréciera, qui le per-
dra. Le voilà ici enfin pratique et pratiqué, venez-y donc.
Par le *Temple de la Fédération* il est socialement institué,
par le *Temple de la religion de la science* il élève les esprits
et les cœurs aux certitudes morales les plus hautes. Et toute
certitude engendre l'unité du genre humain.

En un mot, vous ne faites qu'une exposition matérialiste,
je vous propose de faire une exposition de l'idéal de *par les
sciences faites*. Vous n'élèverez pas les âmes si vous exaltez
les intérêts, et satisfaites certains goûts d'art. Je vous appelle
au *sursum animæ et corda* par tous les grands moyens
de l'art, les temples. les tableaux, les collections, les statues,
la bibliothèque, où seront tous les ouvrages de science engen-
drant et prouvant les hautes pensées.

Croyez-vous qu'il ne sera pas plus beau de faire dire aux
étrangers : « Nous partons éblouis et améliorés par vos tem-
« ples de l'unité humaine », que de leur faire crier : « Tra-
« vaillons pour surpasser et ruiner nos concurrents, les
« autres peuples, afin de nous enrichir et de dominer tout ?»

VI. — Dès les premiers pas dans Paris, par sa triomphale
et auguste entrée, on verrait donc son idéal écrit dans ses
grandes voies et dans ses monuments. Il n'y aurait pas à s'y
tromper. On entrerait bien chez le peuple qui a dépassé tous
les peuples, rejeté les luttes des Rois et des intérêts égoïstes
qui donnent la mort par amour prétendu de l'humanité.
On se sentirait chez la nation qui veut faire reposer l'univers
dans la *science* dont elle a *fait sa religion,* et dans la paix
universelle par la *Fédération des peuples*. On verrait l'esprit d'union et d'amour remplaçant l'esprit de discorde et
d'égoïsme enfermé dans toute hypothèse fidéiste ou rationaliste qui veut s'imposer aux certitudes, comme dans toutes
les concurrences des producteurs. Tout est hypotèse dans les

Fois, dans les royautés, dans les empires, dans les raisons individuelles, hypothèses imposées par la force ou le mensonge, le vol, la fraude, le canon ou le supplice.

L'ère antique des erreurs et des batailles du monde serait sentie niée en France dès le commencement de la marche dans sa capitale. Grande leçon pour les Rois, les vieilles religions et les foules. Le sublime mot secret et patent, lisible à tous de ce décor solennel, serait : Point de gouvernement par la violence ; le gouvernement définitif c'est le gouvernement par *la science faite et par ses lois.*

La *Science de la Méthode* s'affirmerait par les monuments augustes de nos villes, comme jadis les Fois, les hérésies, les Rois, les prétendants, les empereurs qui tuaient et faisaient tuer les hommes, s'affirmaient par les châteaux forts, les murs crénelés, les autels et les sacrificateurs des hécatombes ou des hosties.

VII. — On parle beaucoup d'amour, de désarmement, de paix, mais on laisse tout dans une conception impuissante qui ne peut rien enfanter. L'amour, le voici. Je le précise ; il vient et ne peut venir que par la *science faite,* par la *religion de la science,* qui est la religion des lois de certitude, donc des lois de Dieu, donc de Dieu. Qui respecte la loi de Dieu, respecte et pratique l'amour. Hors de là tout retombe à l'égoïsme personnel rationaliste, ou à l'égoïsme fidéiste ; l'amour est tué de ces deux coups. Le dernier mot du fidéisme c'est l'inquisition et le massacre ; le dernier mot du rationalisme c'est la terreur. Le dernier mot de la *Religion de la Science* est l'amour des lois de la Science, donc l'amour des lois de Dieu, donc l'amour de Dieu et des hommes.

Cette grande décoration de l'entrée triomphale conduisant à ces deux temples, celui de la Fédération universelle, celui de la Religion de la science, dévoilerait bien tout le secret idéal de la France et, imposerait à tous quelle est le peuple de l'amour, de l'unité, de la fédération de tous les humains ! Qu'est un congrès auprès de cette éclatante protestation ? La France ferait enfin vivre son idéal.

Qui oserait l'attaquer après cette preuve vivante et si lisible de son cœur, de sa volonté, se déclarerait lui-même l'homme ou le peuple du mal. Ton idéal, O France, salué et respecté deviendrait ton rempart.

CHAPITRE III

L'ANCIEN TEMPLE

On devrait faire revivre et conserver religieusement le souvenir du temple. Il y a des monuments sacrés ; celui-là en fut un. L'affranchissement de l'esprit humain et de l'état social y a vu ses deux victoires :

C'est là que Philippe-le-Bel, ce roi si inconnu, si méconnu a vaincu l'empire universel papal, dans la personne des Templiers, que l'on connait fort mal aujourd'hui. Cet ordre de soudards commerçants était d'une habileté consommée. Au fond ce n'étaient que des monopolisateurs de la fortune publique, que des jésuites puissants par les armes comme par le commerce. Ils menaçaient de s'emparer de la France et d'y établir une théocratie catholique sans pitié.

C'est là aussi que la Révolution vainquit la Royauté dans la personne de Louis XVI.

On doit donc élever pour garder le souvenir de ces deux victoires, sur un piédestal, les statues géantes de ces deux libertés se donnant la main. Papauté, royauté, sont deux *Fois* tyranniques, liées entre elles, bien que se jalousant sans cesse.

Le temple serait le trépied de cet autel.

CHAPITRE IV

LA CITÉ — LE BERCEAU DE PARIS

I. — Dans la partie de Paris dont nous venons d'esquisser le tableau, nous avons proposé l'architecture rationaliste. Pouvons nous suivre cette voie et cet idéal artistique dans la Cité ? Non. Nous sommes ici dominé par l'histoire. Elle s'impose, comme art et embellissement de la capitale nous n'aurons rien à regretter. Nous allons arriver aux plus riches et aux plus éclatants contrastes.

Il y a des monuments dans la Cité actuelle dont on serait obligé de conserver le caractère, mais il y en a beaucoup d'autres qu'on pourrait modifier facilement, nous allons le voir rapidement.

II. — La Cité ! Là est né Paris. Là pendant des siècles s'agitèrent les destins de la France.

Ce berceau est toujours vivant. Ce serait être ingrat que ne pas lui conserver son air et ses droits d'ancêtre. Les constructions nouvelles n'ont tendu qu'à les lui faire perdre. Les Anglais, qui naguère ont élevé leur remarquable palais des Parlements en leur imprimant le sceau de l'antique vie nationale ne comprendront pas que nous ayons commis la faute de moderniser la cité.

Soyons des fils reconnaissants. Notre gratitude d'ailleurs, va nous donner de grands éléments de beauté pour Paris.

Quand on a commencé sous l'empire les constructions de

la Cité, qui lui ont enlevé son caractère d'antiquité mater-
nelle, j'avais émis l'idée suivante que je renouvelle, regret-
tant qu'on ne l'ait pas suivie alors, il y a de cela près d'un
demi-siècle.

La Cité est le berceau et tout ensemble le vaisseau de
Paris au milieu des eaux souvent tragiques de la Seine. Ce
double cachet doit lui être imprimé. En y entrant on doit se
sentir dans l'histoire, et s'il est possible près des grands
hommes qui ont préludé à nos libertés.

Le gothique dans toutes ses variétés depuis les temps les
plus anciens jusqu'à la Renaissance est ici l'architecture
imposée. Le gothique est l'architecture d'invention française
qui résulte du premier grand progrès de la Raison. Son
nom vient de ce qu'il prit naissance dans cette partie de la
France habitée par les Goths jadis. Par lui seulement on
verra apparaître d'un coup tout ce passé, qui reste mystérieux et formidable, et où nos pères par les cahiers arrivaient à une liberté inconnue.

On rêvera à la longue et cruelle suite des transformations
et aux génies qui nous ont délivrés.

La forme générale de l'Ile est un vaisseau. De là les armes
de Paris.

De ce vaisseau qui n'a jamais sombré, on doit voir s'élever
comme les mats d'un gigantesque navire, les tours, les flèches, les clochetons en nombre indéfini. A la pointe-ouest,
un palais doit avancer une proue gothique, à la pointe-est la
morgue doit former une poupe, au gouvernail gothique. Au
milieu, en masses gothique et renaissance, les autres monuments, les maisons doivent accompagner les flèches et les
tours de Notre-Dame et de la Ste-Chapelle. Partout les tourelles à toits aigus, les flèches, les clochetons, les créneaux
même et les auvents sculptés.

III. — L'empire a mis un masque sur la mère Lutèce.
Dès ce temps je le combattais et donnais cette idée de cons-
truire toute la cité en monuments gothique et renaissance.
Au milieu de Paris, elle serait la vénérable, avec son antique

cachet. Rien ne serait plus beau que ce spectacle unique au monde. Rien, en outre, ne serait plus facile.

Je voudrais donc, pour dessiner dignement cet ensemble, qu'on construisit le vaste monument destiné au corps législatif à la pointe-ouest de l'ile. La position est toute trouvée : devant cette froide façade un peu égyptiaque qu'on a élevée sous l'empire. La collection de laides maisons qui va jusqu'au Pont-Neuf n'attend que la démolition.

A leur place doit s'élever, dans le plus haut et le plus sévère gothique, le palais du parlement, noble voisin du Palais de Justice. Heureux voisinage, fait pour inspirer l'émulation du travail à nos députés trop distraits par la grande vie des Champs-Elysées. Ils devraient se sentir honorés d'ailleurs ; la Cité a été pendant des siècles l'habitation du Roi de France, elle peut-être le grand parloir des députés.

Une idée domine ici la situation : A qui la France doit-elle la Révolution et sa grande affirmation des droits de l'homme ? Aux Etats Généraux. A qui doit-elle ses Etats Généraux ? A Philippe-le-Bel. C'est donc à l'époque de ce roi énergique et novateur que nous devons demander le caractère du monument qui reçoit les successeurs de ces Etats Généraux sous le nom de représentants du peuple.

Il faut que la Cité apparaisse au milieu de Paris comme une cathédrale de Milan gigantesque, avec ses milliers de pointes élégantes, ou comme un immense vaisseau hors de toute proportion, ancré perpétuellement. Il faut que l'on reste stupéfait devant cette quantité de mats de pierre, devant ces flèches ornées, de toute taille. Si l'on est émerveillé devant l'église de Milan, quel sentiment éprouverait-on devant une île entière offrant ce caractère étrange et magnifique ! Ainsi conçue, la Cité serait une des merveilles du monde.

Rien n'était plus facile que de lui imprimer ce cachet unique, quand j'en ai donné l'idée sous l'empire, *alors que les travaux ont commencé*. Au lieu de l'histoire vivante dans

la pierre, qu'à-t-on fait ? Ingratement on a tout modernisé.
Les platitudes de Duc sont venues tacher le palais de justice
comme avaient fait les lourdes gaucheries de Desmaisons.
Pour ces deux contresens, on a donné le prix de cent mille
francs à l'un, comme on avait créé l'autre comte. Et ces prétendus artistes sans émotions, avaient près d'eux la Ste-
Chapelle et Notre-Dame.

Ce n'est pas tout. On a élevé des casernes, un tribunal de
commerce, une préfecture de police, convenables, ayant de
la force, mais sans beaucoup de caractère, et l'on a complété
le vandalisme par ce monument qui est un vrai contresens le
nouvel Hôtel-Dieu, une forteresse. au lieu d'un sanatorium
respiratoire.

Cependant, j'ose dire qu'on pourrait encore imprimer à la
Cité le grand sceau historique et gothique, à peu de frais relativement.

On perdrait la façade d'école de Duc, dans une ruelle, à
moins qu'on ne lui impose un revêtement gothique ce qui
serait facile et meilleur peut-être.

On élèverait sur la place Dauphine démolie, un vaste monument, de très pur, très haut gothique, qui s'avancerait
jusqu'au Pont-Neuf. On rétablirait la hauteur des anciennes
tours du palais de justice, baissées par Duc, je crois ; on
multiplierait à l'infini le clocheton, la flèche, la tour dans
cette partie, très importante, puisqu'elle formerait toute la
proue de l'Ile. On noierait les insignifiances de Duc par la
Chambre des Députés, et celles de Desmaisons sous une vaste
façade gothique dans le goût de la Ste-Chapelle, à laquelle on
la relierait facilement, en mettant en relief et en vue ce beau
monument perdu, qui rayonnerait.

On placerait aux casernes des tours et tourelles, des ornements renaissance aux fenêtres dont on modifierait les formes selon le besoin.

Tout cela serait facile à accorder, pour qui connait les
souplesses qu'on peut imprimer à l'immutabilité de l'architecture.

Le Pont-Neuf devrait recevoir les statues des orateurs fameux et des grands jurisconsultes. Tout parlerait savoir ; tout recueillerait l'esprit des représentants et les appellerait à l'élévation de leurs fonctions au lieu de les dissiper comme le font les quartiers du luxe et du plaisir. Plus d'un rentrerait en lui-même sous l'œil, le geste des grands penseurs dévoués à la justice et à la science profonde des lois.

Le quai tout autour de l'île porterait des ornements gothiques et dans les intervalles on élèverait encore des statues. On ne manque pas de grands hommes trop ignorés, quand on a les siècles des cahiers, des ordonnances, des ouvrages, qui ont voulu établir la justice et la liberté, et les preux chevaliers du peuple, les hommes du dévouement, les haïsseurs de la tyrannie féodale et royale.

On accentuerait par un caractère franchement renaissance le bâtard tribunal de commerce, on enrichirait ce gros œuvre architectural le nouvel Hôtel-Dieu, en construisant des escaliers dans des tours élevées, en plaquant des ornements gothiques autours des fenêtres modifiées, en accentuant des toits en pointes, des flèches, des dômes aigus. Enfin, l'édilité qui impose si bien des servitudes, imposerait aux particuliers que les constructions nouvelles seraient toutes d'un style gothique ou renaissance à leur choix.

Enfin à la poupe de l'île, on donnerait à la Morgue le caractère de la petite chapelle de Pise sur le fleuve, par un revêtement facile à ajuster sans même changer ce qui existe. De la proue à la poupe, l'île aurait, vue d'ensemble, le hérissement émouvant et admirable du gothique. L'île serait une véritable œuvre d'art, un bijou sculpté.

Je ne regrette certe pas la cité que notre jeunesse a connue et que l'incohérence des temps nous avait laissée. Elle était hideuse, périlleuse, sans pittoresque, sauf quelque coins, c'était un coupe-gorge. Ce que je demande, ce n'est pas la reconstitution d'un passé où tout était laid sauf les monuments. Ce que je veux, c'est une grande œuvre d'art élevée à l'histoire avec toute la science dont nous pouvons disposer.

Placez-vous au pont Royal, au pont des Arts, aux fenêtres du Louvre, construisez par la pensée au lieu de cette île rendue camarde par les monuments dont on l'a chargée, la cité que vous pouvez imaginer, aérienne et sublime selon ces propositions et ces indications générales. Le gothique y réaliserait un rêve inouï. Sur le soleil levant on croirait voir surgir de l'aurore notre vieille France.

Quelle époque de l'architecture gothique devrait-on choisir pour la Chambre des représentants du peuple ?

Elle est déterminée par l'histoire, imposée par la *naissance des Etats généraux*. Philippe-le-Bel, ce roi méconnu que j'ai osé réhabiliter malgré tous, dans l'*Epopée humaine* et dans l'*Histoire*, a vécu dans la plus pure, la plus lumineuse époque gothique. Le sombre *Roman* de Jésus avait disparu complètement sous la lumière qu'enseignait l'esprit saint d'Abeylard. La Sainte-Chapelle servirait donc de guide aux architectes. Nul monument gothique ne tiendrait auprès de la pureté de ce nouveau palais, si, comme je n'en doute pas, il était réussi par nos artistes.

IV. — Ainsi récapitulons :

Il convient que les îles parisiennes, mais surtout la Cité, soient un souvenir et une beauté. Le souvenir de notre passé sera notre grand art *francique* ce coup de génie français ; et il sera en même temps la beauté par sa pureté incomparable. Il faut donc que la plus grande de nos îles au moins présente le spécimen complet de notre architecture du moyen âge. On peut à *peu de frais* donner à la cité le caractère d'une immense cathédrale aux mille tours, flèches et clochetons gothiques, se reflétant dans les eaux de la Seine. Aucune capitale ne présenterait un plus beau spectacle ? Il suffit pour obtenir ce résultat de :

1° Décréter que toute construction nouvelle dans la Cité portera le caractère du gothique ; prier les propriétaires actuels, s'ils le peuvent, de faire les travaux qui par des revêtements habiles en rapprocheraient leurs maisons. Ce serait très souvent facile.

2° Ajouter à l'Hôtel-Dieu, à la Morgue, en en modifiant les ouvertures et les toits, quelques ornements typiques et des tourelles dont l'utilité serait facile à trouver soit pour ventilateurs, pour escaliers, pour cabinets de toutes sortes. Faire une transformation analogue à toutes les constructions actuelles de la Cité, qui peu à peu seraient remplacées par des monuments gothiques conçus d'un jet. Se rappeler pour la Morgue, la petite chapelle de Pise sur le fleuve. Sans la détruire on pourrait la couvrir d'un placage en pierre, d'ordre gothique, en accord avec Notre-Dame.

3° L'Ile Saint-Louis, moins en vue, peut être assimilée au reste de Paris, cependant on doit penser qu'un ensemble de construction allant du roman au grand gothique à la renaissance y seraient d'un très bel effet.

4° Construire du coté du Pont-Neuf le vaste monument de la Chambre des Députés du plus pur gothique, dont les flèches, tours et clochetons se relieraient en perspective avec Notre-Dame, la Ste-Chapelle et le Palais de Justice, etc., dont les tours seraient surelevées avec des toits plus gothiques. La construction mi-égyptienne de Duc se trouverait dissimulée et secondaire ; quant à celle de Desmaisons *si choquante*, il parait impossible de ne pas la remplacer par une belle façade gothique qui se relierait à la Ste-Chapelle mise en beau relief.

V. — Des raisons morales et politiques engagent à placer la Chambre de Députés dans le quartier de l'Université, des Cours de Justice, des travailleurs, non dans celui des coureurs de la joie et de la grande vie. L'hallucination de la richesse et du plaisir, on le voit par expérience est malsaine à beaucoup de députés. La vue du travail invite au travail. Le sentiment des efforts de la foule affairée conduit à la pitié pour les souffrances, au devoir à remplir. La vue du peuple qui peine est salutaire ; celle des oisifs est pernicieuse. Que de députés ont jeté un coup d'œil d'envie, avant d'entrer, sur l'équipage qui court au bois et qui, plus est, l'on suivi.

Il convient d'autre part que la Chambre des Législateurs, soit proche de ceux qui appliquent les Lois et de l'université qui révèle toute science. Ce voisinage est salutaire pour l'esprit de méditation, d'étude, pour les consultations, l'instruction s'il est besoin. Il s'établit une solidarité qui peut être utile.

Il ne s'agira plus d'être des bavards, mais des sachants, quand la Chambre sera placée entre l'université, les cours de justice, les écoles de tout genre. Le public des tribunes sera changé. Ce ne seront plus des curieux, des désœuvrés, des femmes sans occupations qui y viendront ; ce seront les jurisconsultes, les savants professeurs ou élèves instruits qui seront le public, non plus seulement lettré, ce qui est un luxe agréable et charmant, mais réfléchi, profond et vraiment capable de juger, ce qui est le nécessaire pour la conduite des hommes et des nations.

Je prie qu'on médite ces considérations qui sont de grande valeur, quand il s'agit du choix et de l'appréciation des conducteurs de royaumes et de Républiques surtout. On verrait bientôt monter l'étiage d'esprit des députés. Que d'hommes n'oseraient pas affronter un public de si haut choix et de si vraie gravité.

Enfin, qu'un coup d'état soit essayé comme au 2 décembre, il devient bien difficile, sinon impossible. La cour suprême, le corps législatif, l'université, les travailleurs, sont les forces vivantes. Au 2 décembre, l'isolement à vaincu les députés. Les Cours, la Chambre pourraient se défendre dans la Cité. Elles auraient la Préfecture de Police et l'organisation politique à leur disposition. Il faudrait un siège pour attenter à la liberté des Représentants de la nation. Pendant ce temps, le peuple, la France pourraient se lever, anéantir les usurpateurs.

De plus on ferait communiquer par un tunnel sous la Seine le Conseil municipal avec le corps législatif, les cours et la préfecture de police. Tout ce qui représente la sécurité de la liberté serait uni. Le faisceau des forces de la nation serait bien difficile, je dirai impossible à briser, par les traitres à coup d'état.

Ainsi ce projet présente de puissants avantages politiques en même temps qu'il assurerait l'indépendance, la moralité, l'élévation du corps législatif, et qu'il donnerait à Paris, capitale de l'esprit humain, les éléments d'une beauté unique au monde. Le règne de la paix libre serait sûr par cette immense et superbe œuvre d'art.

TITRE DEUXIÈME

PARIS VILLE DE L'ART

CHAPITRE PREMIER

PARIS VILLE DE L'ART

Paris a été refait en quelques années.

C'est un des gigantesques efforts qu'on ait vu depuis Babylone moulée d'un coup. L'Amérique qui vient de faire revivre Chicago présente seule d'aussi grands exemples.

S'il s'était trouvé un homme de génie pour concevoir, préciser, ordonner, faire exécuter cette entreprise prodigieuse, qu'eût été Paris? Aucune époque, aucun pays n'auraient pû montrer une cité aussi éclatante de beautés.

Mais Paris n'a pas été embelli par des artistes. Des spéculateurs à outrance, des ingénieurs praticiens ont accompli l'œuvre que des raisons de gouvernement et d'argent avaient fait entreprendre. L'art avait peu à voir en tout cela ; c'était une affaire.

Le convenable est partout, le génie nulle part.

Est-ce donc qu'il n'y a pas de génies ? Qui l'oserait dire après la Grande époque de savants, de poètes, de littérateurs, de peintres, de sculpteurs, qui se continue encore? Aristarque même y perdrait son grec.

Il y a des Génies. Mais il y a une administration qui les redoute au lieu de leur être sympathique ; qui les fuit au lieu de les chercher ; les écrase au lieu de les mettre en lumière ; les tue au lieu de les appeler à grandir la patrie.

Toute innovation, toute grande idée ne rencontre que l'hostilité.

Composée de bureaucrates, de spéculateurs, d'ignorants de l'art, l'administration a vu dans la reconstruction de Paris bien moins la beauté que le prix du mètre de terrain et le tracé des voies.

On a jeté les millions à pleines mains et, partout, la prodigalité a fini en lésinerie. L'on a forcé St. Augustin à n'avoir qu'un portail misérable ; on a obligé l'Opéra à se contenter d'une façade qui fait rêver à un petit palais Néronien au lieu du vaste front que devait logiquement avoir un monument aussi gigantesque. On condamne tout à la petitesse par de mesquines considérations. On croit devoir imposer des pans coupés aigus à tous les coins des rues, sans penser qu'on détruit par là la suite monumentale des façades, et qu'on arrête les lignes nécessaires aux palais On fait des ruches.

Paris devrait être un Palais immense, il n'est qu'une très belle caserne indéfinie.

L'Administration a fait, rendons lui pleine justice, d'admirables et utiles percées et cela dans tous les quartiers, mais elle ne peut pas, ne pourra jamais faire de Paris une œuvre d'art.

Les conseils municipaux peuvent-ils atteindre cette hauteur ? Pourquoi ? Comment ? Qu'elles sont leurs connaissances ? Ils sont composés d'hommes de commerce, d'industrie, de finances, les uns indifférents, les autres rebelles à l'art. A peine deux ou trois artistes y ont la parole. Il faut donc dire que les conseils municipaux, que l'administration, n'ont pas les études nécessaires pour faire de Paris une belle œuvre.

L'Empire en donnant cette charge à l'administration, la République en la confiant aux conseils municipaux ont donc placé la reconstruction de Paris dans des mains qui devaient en amoindrir la perfection.

Certes il convient que le conseil municipal ait la décision de l'ouvrage à entreprendre, mais il convient aussi qu'il soit préalablement éclairé, par des hommes savants, non des savants à préjugés d'écoles, mais capables des grandes vues, parcequ'ils ont les secrets de l'art et que seuls ils ont la puissance de l'invention.

Hélas l'invention c'est la terreur dans nos sociétés. Il n'y a qu'a voir le sort de presque tous nos intrépides découvreurs.

Tous les projets d'embellissements de Paris devraient être élaborés par un conseil facultatif composé des artistes les plus complètement et audacieusement instruits.

Tous les projets arrêtés devraient être mis au concours. Qui déciderait? Une commission? Non. Le Suffrage Universel de tous les artistes et hommes de pensée, auteurs ayant écrit des ouvrages de science, de poésie, de littérature, peintres et sculpteurs, graveurs, musiciens, architectes, ayant fait connaître leurs œuvres, ingénieurs sortis de toutes les écoles. Réunis à la fin de l'exposition ils exprimeraient un vote par un bulletin signé.

Les concours ont cet inconvénient grave, que les hommes arrivés n'y prennent point part et laissent le combat aux plus jeunes, un peu par orgueil.

Aussi nous avons eu des monuments très secondaires. Un concours ainsi compris ne donne jamais la vraie force d'un peuple. Il faut changer nos mœurs a cet égard et se persuader qu'un concours est moins un combat d'émulation puérile ou égoïste, moins un combat de jeunes coqs, que le moyen de donner au pays la plus belle œuvre possible. Tous doivent donc y prendre part, c'est un devoir de patriotisme.

Quelle serait d'ailleurs la composition du conseil consultatif attaché au conseil municipal? Dix ingénieurs, dix architectes, dix statuaires, dix peintres, dix littérateurs, deux peintres décorateurs, deux bronziers, deux tapissiers décorateurs, deux graveurs, cinq archéologues.

Cette place honorifique n'entrainerait pas d'appointements. De simples jetons de présence. Qui manquerait trois fois, sans motif d'excuse, ne ferait plus partie du conseil, qui d'ailleurs se réunirait assez rarement. La dépense serait donc insignifiante.

Après les décisions de ce conseil consultatif et du suffrage universel, le conseil municipal peserait si le projet est d'accord avec les finances de la Ville et décréterait.

Une telle organisation me semble donner des garanties d'art inconnues.

Faut-il en présenter les motifs ?

Ce ne sont ni les ingénieurs, ni les architectes qui ont eu les plus belles et les plus grandes conceptions, c'est Michel Ange qui a élevé dans les airs le dôme du Panthéon romain lourd et rabaissé, dont il a fait St-Pierre ; c'est Orcagua qui a construit la loggia dei Lanzi, Léonard de Vinci qui a imaginé et exécuté les canaux de la lombardie ; Perrault qui a fait la colonnade du Louvre. Ce sont les ouvrages les plus parfaits de Rome, Florence et Paris.

Peu d'ingénieurs sont artistes. Le fussent ils par nature, que lentement, a peu d'exception près, ils verraient s'éteindre en eux la belle faculté. Condamnés à des précisions de cylindres, d'engrenages, ils prennent une telle habitude de cette exactitude méticuleuse que pour eux elle devient la suprême beauté. Souvent c'en est la mort. Ils tombent dans le pédentisme si fréquent. Ils ne peuvent plus voir dans le vaste au delà qui est l'art. L'exactitude n'est pas le génie.

La myopie de leur pratique leur ote la grande vue. C'est le mal des écoles de gouvernement, en tout, qu'on le médite.

Je n'ai nullement l'intention de discuter la correction technique des ingénieurs ; je n'entends pas leur enlever une légitime influence ;

Je veux seulement les arrêter quand ils empiètent sur les attributions des artistes. Ils perdent l'émotion en cherchant le correct. Ils ont le pédantisme remplaçant l'inspiration. Chaque école spéciale a son pédantisme. Malheur pour la beauté de nos entreprises nationales. La règle des résistances des matériaux n'est pas tout. Cette règle d'ailleurs bien d'autres que les ingénieurs l'on respectée a toutes les époques. Pas d'ingénieurs dans les temps antiques et cependant les artistes émus qui ont élevé leurs merveilles ont pourtant toujours appliqué la règle des résistances dans des monuments d'une hardiesse, d'une durée incomparable, et souvent bien plus gigantesques que les notres. Certes il ne faut rien faire sans la science. Tout repose en elle, mais non dans les théories que le pédantisme y ajoute et qui la restreignent au lieu de la grandir. Pédantisme est raccornissement. C'est précisément au nom de la science que nous parlons, et ici elle s'appelle la science de la beauté. La loi et le sens des proportions voilà ce qui est l'essence intime et secrète de l'art. Peu d'hommes ont cette géniale faculté.

Peu d'architectes sont artistes. Les uns sont de vrais entrepreneurs qui manquent d'instruction ; constructeurs habiles mais c'est tout.

Les autres ont des errements d'école qui leur ôtent toute invention et qui font d'eux ce qu'était la décadence de notre littérature classique. L'école des beaux-arts enseigne une étroite et aigre attache des lignes architecturales, et n'a pas le sens de la beauté et des proportions. Il faut crier haut cette vérité terrible.

Il n'est pas un ministre des beaux-arts et pour ainsi dire pas un français qui ne se plaise a répéter : nous sommes pour le goût les premières gens du monde. Je nie ce mot d'infatués. Le goût n'est pas formé en France, voyez ses variations dans toutes les écoles et tous les arts. Il y a de l'immutabilité dans le vrai goût.

Sans montrer aux autres arts, aux métiers artistiques, que leurs œuvres manquent de *caractère,* ce qui est le vrai parfum de l'œuvre d'art de quelque école quelle soit, je me borne à affirmer que nos architectes à très peu d'exceptions prés manquent d'art : bons restaurateurs de monuments comme Duban et Violet le Duc, mais pauvres inventeurs. Cependant d'autres peuples moins satisfaits d'eux mêmes font des progrès. A l'Exposition de 1878 il y avait plus d'élément de beauté dans les façades Italienne, Autrichienne, Belge, que dans les palais du Trocadéro, de la Ville de Paris et de l'Industrie. Le palais du Trocadéro est une honte nationale. Il eut pu-être si beau, si bien situé !

Faites donc voyager vos architectes en Italie, en Espagne, en Gréce, en Belgique, en Russie, en Autriche, en Angleterre, dans les pays des mahométans, et des Orientaux ; surtout ne les imprégnez pas de préjugés d'école, qui les empêchent de sentir la beauté des œuvres qu'ils doivent contempler. J'ai vu des élèves de l'école, des architectes français ne pas savoir admirer St-Pierre de Rome.

Les artistes dévoyés d'aujourd'hui n'admirent ni Michel Ange, ni Phidias, ni Corneille. Le puissant, le fort, le passionné, c'est le fruste pour eux. Fruste est donc une beauté ! Oui.

Bien que les sculpteurs et les peintres subissent en partie ces préjugés, il ny en a d'affranchis. Les sculpteurs et les peintres sont des esprits plus indépendants plus inventifs que les ingénieurs et les architectes. C'est qu'ils sont hommes de plus d'émotion. Lorsqu'ils ne sont pas esprits à systèmes vaniteux, lorsqu'ils sont profondément instruits dans leur art, ils savent manier les lignes les plus variées, le sculpteur et le peintre dessinateur épique surtout. Au contraire l'ingénieur et l'architecte ne sont familiers qu'avec deux ou trois lignes, ce qui rend leur cadre plus étroit.

La beauté pure est le continuel entrainement du peintre et du sculpteur. De là une tension d'esprit qui se traduit en audace d'invention. Il faut donc qu'ils aient autant que les ingénieurs leur part d'influence dans les projets d'embellissements de Paris.

Les Décorateurs en peinture, Bronze, étoffes, ont l'habitude de mise en scène brillantes, a grands effets. Leur imagination en éveil de ce côté est une force qu'il faut utiliser.

Les graveurs habitués par leur art précieux et pesé à une prudence intellectuelle, hommes de goût, souvent indépendants des petites conventions qu'ont en toute chose les spécialistes, peuvent ouvrir des opinions excellentes, basées sur leur connaissance des choses antiques.

Si vous voulez facilement vous rendre compte de notre infériorité, étudiez les médailles Grecques et mêmes Romaines, comparez les avec nos monnaies, vous verrez que celle-ci sont des œuvres d'écolier inintelligent auprès de la maitrise surprenante, le parti pris génial et la beauté des médailles de l'antiquité. La semeuse qu'on vient de graver sur nos pièces est artistique, mais manque des partis près du relief.

Les antiques sont frustes disent les ignorants. Les ignorants appellent toujours frustes les beaux coups inattendus de puissante fermeté. Ces médailles sont sublimes d'audace et de vérité profonde. Regardez la Vénus de Milo, les œuvres de Michel Ange, les femmes de Phidias auprès des Vénus du temps de Louis XV et même près des œuvres de nos sculpteurs. Notre architecture a la même infériorité et plus encore peut-être. Le coups de génie de Perrault qui n'était pas architecte, ne se renouvelle guère.

En résumé Paris par ses belles voies, a acquis un air de grandeur admirable ; ses monuments, ses hôtels, ses maisons n'ont pas encore atteint la Grandeur de l'art.

CHAPITRE II

LES MONUMENTS

I

Paris à une quantité prodigieuse de monuments. Quand on veut les citer on se trouve trop subitement arrêté.

Pourquoi ? Ils sont insignifiants, parfois laids et lourds.

Si Paris veut être la capitale de l'univers, il doit être partout, en tout la *Ville de la beauté*.

C'est par cette transfiguration du réel que se font les renommées impérissables, les gloires éternelles. Paris laid perdrait la primauté. Comptez les églises, les théâtres, les bibliothèques, les palais, les hôtels, les casernes, les collèges, les gares, etc., à quel total n'arrivez-vous pas ? Presque tous les hôtels particuliers à Gênes, à Rome, à Florence, à Venise, méritent d'être cités ; tous nos monuments ne le méritent pas. Quelle leçon !

La théorie utilitaire qui règne en architecture est funeste; on veut avant tout faire lire la destination du monument sur sa face. Tous les systèmes d'architecture ont produit des temples, des maisons de conseil, et chacun à son caractère propre.

Une loi prime tout dans l'art monumental : la beauté! Quelque soit l'ordre qu'on adopte, il faut que la beauté y soit empreinte. L'architecture n'est pas un art souple et multiple comme la peinture, la sculpture. Il rend des émotions géné-

rales, non la précision des idées. La peinture va légitimement de la caricature extrême à la beauté parfaite. Daumier
est grand à côté de Phidias, comme Aristhophane à côté
d'Eschyle. L'architecture doit avant tout, partout, faire beau,
tout en donnant un cachet spécial à chaque monument.
Tout l'art architectural réside dans l'ordonnance et les proportions, quelque soit le style.

Il y a loin de là à ces puériles préoccupations, à ces négli-
gences absolue de la beauté, qui font construire ce catafalque
qui se nomme la bibliothèque Sainte-Geneviève, cette lourde
ruche qui se nomme l'Hôtel-Dieu, ces cabanes de goût anglais qui sont les tribunes de courses, et tant d'autres monuments.

En quoi d'ailleurs un tombeau avec inscriptions mortuaires
indique-t-il plus une bibliothèque que la belle façade recueillie du Louvre au bord de l'eau ? N'y a-t-il pas eu des bibliothèques dans toutes les civilisations et partant dans tous les
styles ? En quoi le collège Rollin est-il plus un lieu d'éducation qu'un vaste commun ? En quoi le collège Chaptal indique-t-il un établissement scolaire plutôt qu'une halle aux
farines ? La lourdeur sans caractère et bouchée en forteresse
du nouvel Hôtel-Dieu fait elle rêver à un hôpital mieux
qu'un bâtiment de pur style où l'on devinerait la circulation
d'un air salubre ? La façade égyptiaque du Palais de Justice
indique-t-elle le lieu du plaid plus qu'un édifice du style
renaissance ? Tous les temps n'ont-il pas eu leur maison de
la loi ? En quoi cette salle d'attente de chemin de fer qu'est
la nouvelle salle de travail à la Bibliothèque Nationale mon-
tre-t-elle sa destination ? On y voit de faibles fresques et peu
les livres. Pourquoi la façade de l'Ecole des Beaux-Arts sur
le quai n'indiquerait-elle pas un promenoir d'hôpital? Auprès
de ces féeries réalisées en monuments dont l'Italie, l'Espagne, l'Inde foisonnent, combien de nos édifices ne sont que
des œuvres barbares !

Ces exemples suffisent. Les théories courantes sont donc
artificielles et fausses. Le fâcheux est qu'elles nous encom-

brent de monuments insignifiants ou laids, tandis qu'en se préoccupant avant tout de la beauté on aurait pu en faire d'admirables. Que de talent dépensé pour rien, par ignorance de la science du beau. Car, il ne faut pas s'y tromper, ces hommes qui nous accablent de leurs laideurs ont beaucoup de talent et de savoir. Il faut songer avant de bâtir qu'un monument cela vit des siècles. La risée des siècles est dure à subir.

Le plus triste c'est que tout un pays perd le sens de la beauté dans de telles habitudes. Nous atteignions la beauté des Grecs quand nous construisions la cour du Louvre, la colonnade, les Invalides. Nous étions artistes inventeurs quand nous élevions Notre-Dame, la Sainte-Chapelle. Il faut que nous soyons les Athéniens du monde, c'est une nécessité de notre aspiration à la liberté, qui ne vit que par l'ordre. Ayons ce mot pour axiome : nous ne pouvons pas ne pas ne pas faire beau. Et prenons garde aux *préjugés d'école* qui perdent l'esprit dans toutes les carrières en rétrécissant tout.

Certes il y a de nobles efforts. L'Opéra est une œuvre de savoir, accomplie par un esprit érudit, ingénieux ; mais il n'y a pas là cette belle santé d'intelligence d'un Grec. Perrault l'a atteinte dans sa colonnade du Louvre, seul depuis la Grèce, car les colonnes de la vieille Rome n'ont pas cette suavité. L'art laborieux, pénible, sans beauté de proportion, sans grâce, que nous montre l'*Opéra*, ne pousse pas comme une fleur à la façon Grecque ou Italienne ; cependant cet édifice restera comme un des monuments à citer. Mais regardez les proportions des ouvertures et des pleins de cette façade, ces liens cherchés, étreints, pénibles. C'est une douleur de penser qu'on eut pu faire beau.

Soyons donc pleins de cette limpidité spontanée sans surcharge, sans contraction, c'est l'art suprême, où l'art s'efface à force de faire partie de notre être intime. Ne sortons jamais de la voie de la beauté, qui est un épanchement. Hâtons nous malgré l'École des Beaux-Arts d'y rentrer.

Pénétrons-en profondément les caractères dans l'antique, le Gothique, l'Indou, l'Egyptien, la Renaissance, et ne tombons pas dans de fades imitations. Il faut se parfaire le goût; il faut que le beau nous soit si inhérent qu'il coule de nous sans que nous le cherchions, le sachions pour ainsi dire ; il faut qu'il soit notre esprit et notre âme.

Le sens des proportions qui est la base de toute beauté doit être le point de départ de l'étude. Hors de la beauté, point de primauté. Il ne faut pas qu'un peuple puisse dire à Paris : Tu fais médiocre, tu fais laid. Par ce seul mot Paris serait décapité.

Donc à Paris, à côté des monuments à construire il y a les monuments à corriger. Ne vous récriez pas.

On peut corriger les monuments comme un dessin ou un manuscrit.

Ne dites pas : à quoi sert la beauté? Ces monuments ont longtemps satisfait aux besoins, il peuvent suffire encore. Il faut que tout soit beau, noble, grandiose à Paris, en France ; c'est le mot d'ordre.

Les monuments sont le reflet de l'âme des peuples. Leur grandeur, leur beauté, vus dès l'enfance, font trouver la Patrie plus attachante, plus vénérable, on a plus d'enthousiasme pour l'aimer et la défendre. Une patrie sans beaux monuments, sans belles œuvres, sans bonnes lois, sans vertus, sans idéal, sans justice, n'est plus une patrie. Les Vénitiens assiégés, aux abois, refusèrent de vendre aux Anglais leurs tableaux. Proposition dont l'Angleterre devrait rougir, si elle rougissait jamais d'un marché léonin. Ce noble refus glorifie Venise. C'était la patrie vraie cette beauté. Mais l'Angleterre ne songe qu'à profiter des faiblesses, des angoisses des peuples ! Elle est fière de ses perfidies et de ses cruautés, comme nous sommes fiers de nos dévouements et de nos vertus. O vous tous, peuples du mal, puisse l'idée française de la Fédération entrer dans vos cœurs et y remplacer votre idéal : l'exploitation. La France seule à la pensée d'un internationalisme ; aussi le nationalisme français est le premier des devoirs pour tous les Français.

II

MONUMENTS PRIS DANS LES MAISONS

Par des économies périlleuses et coupables on laisse une multitude d'édifices publics enchassés dans les habitations. Depuis combien d'années ai-je demandé qu'on isolât la Bibliothèque Nationale, celle de l'Institut, de Sainte-Geneviève, de l'Arsenal, communiquant à des maisons particulières ! Enfin voilà la Bibliothèque Nationale à l'abri.

Passe encore pour les anciens monuments, mais les nouveaux ! On a rebâti une grande partie des théâtres en les englobant dans des boutiques. On vient de renouveler cette impardonnable faute. Bien plus on met des boutiques dans les théâtres, comme à ceux du Châtelet.

Ici le danger est double. Un théâtre est un lieu presque prédestiné à l'incendie. Ce n'est guère qu'une affaire de temps. Les exemples sont sans nombre. Pourquoi donc exposer les particuliers à ce risque ? La cupidité fait ce raisonnement qu'auprès des théâtres on aura des loyers certains et élevés.

Une boutique brûle pendant une représentation. Même sans qu'il y ait danger réel, on sait ce que cause le cri : au feu ! dans un théâtre : un désastre d'affolement, d'étouffement. Si le magasin incendie le théâtre quelle dérision : un monument public détruit par une boutique ! Cela était facile à prévoir, aurait dû être prévu. Prévoir n'est pas assez une qualité française. Il n'y a pas de solide grandeur sans cette vertu de l'intelligence. C'est la faiblesse de la France entre ses astucieux voisins à qui la peur et l'ambition donnent la prévoyance.

Autres exemples : On a bâti à Passy une Mairie qui serait un petit palais, beau si le style n'en était maigre et d'une platitude d'école. Les millions sont prodigués. Ce monument se trouvait isolé. Conserve-t-on cet isolement ? Non, après coup on établit des mitoyennetés avec des maisons voisines, l'on risque pour de telles économies plus que puériles, la bibliothèque, l'état civil d'un arrondissement et l'édifice.

Il y a des postes de pompiers voisins ; soit. Mais nos pompiers n'empêchent pas toujours les incendies. Dans les saisons les plus dangereuses on est obligé parfois de regarder brûler. Il faut prévoir encore un coup, et n'employer les secours que dans les cas où la sagesse humaine n'a plus cette puissance.

La loi doit ordonner que les bibliothèques, les théâtres, les musées, tous les établissements publics soient isolés. La sécurité l'ordonne. Et puis c'est de la beauté, ces édifices en relief de toutes parts. C'est le coffret précieux vu dans toutes ses lignes et sous toutes ses faces.

Au moment où j'ai écrit ces réflexions on englobait l'hippodrome, maintenant détruit, dans de grandes maisons de produit. L'ancien hippodrome avait été brulé après quelques années d'exploitation ! Imprudence inconcevable et officielle qu'on renouvelle à l'Opéra-Comique.

III

LES TUILERIES ET LE CARROUSEL

Le vote de la Chambre qui a supprimé les Tuileries nous paraît à peu près aussi inexplicable que celui de la Commune qui déboulonnait la colonne. Les barbares et les chrétiens ont mérité la réprobation éternelle du monde entier en détruisant les monuments de l'antiquité. Ne les imitons pas.

Ce palais faisait-il peur ? La Royauté y a vécu ! La République aussi ; là siégea la Convention ! Si vous ne le gardez pas pour les rois, gardez-le pour les génies qui ont refait le monde en quelques années.

Mais sont ce des motifs de destruction ou de conservation? Le livre d'heures de Catherine de Médicis est au Louvre ;

qui pensera à le déchirer par horreur pour les mains qui le feuilletaient en faisant le signe infâme de la Saint-Barthélemy ? Ne tombons pas dans la terreur des maisons hantées, s'il y avait des revenants, la vie humaine ne pourrait s'accomplir, j'en ai fait la démonstration exacte.

Règle : Tout monument, qui est une œuvre d'art doit être conservé s'il est intact ; réparé s'il menace ruine. Il n'y a pas ici de question politique ou religieuse, il n'y a qu'une question d'art. La République se donne l'air de ne pas oser remplacer le palais de la royauté et de lui laisser la gloire de le reconstruire. On entre dans le ridicule.

Ces murs debout feront-ils revenir les rois ? Une seule chose peut les rappeler au point où nous en sommes : l'incapacité de la *Raison* à se guider, à s'ordonner elle-même ! Tout est là : Nous n'avons à trembler que de notre *manque de méthode*, c'est là que nous attendent les princes politiques qui se taisent et désavouent les turbulents de leurs partis.

Il fallait conserver les Tuileries et en faire un musée. Le palais des rois abattu, cette vaste étendue doit être consacrée à cette royauté de la pensée qui est l'art.

Pris seul, le palais de Philibert de Lorme était charmant, malgré quelques lourdeurs qu'on y a ajoutées après coup. Je ne parle pas des deux ailes affreuses. Dans l'ensemble gigantesque où il était enclavé ses proportions semblaient, il est vrai, trop petites. Cependant il y primait par sa grâce, on doit pour cette raison toute artistique, donc qui a sa grande valeur, le réédifier, par exemple dans le jardin des plantes, (qu'on charge de bien médiocres constructions) ou dans la nouvelle université faisant suite au jardin agrandi. On le consacrerait à la science.

C'est une ingratitude et une honte de détruire les monuments du génie de nos pères, surtout lorsqu'on ne sait pas les remplacer. Si l'emploi que je propose est impossible, qu'on le reconstruise aux Champs-Elysées, au Bois, au champ de course, à l'esplanade des Invalides où il ferait pâlir ce médiocre ministère des affaires étrangères dont les yeux blancs d'aveugle ont l'air d'une épigramme à la politique timide, inclairvoyante, manquant de long dessein, qu'ont tant de ministres sans caractère, même quand ils sont intelligents. Enfin qu'on conserve cette œuvre d'art. Regardez la platitude de vos monuments, vous serez arrêtés quand vous aurez l'idée de détruire un édifice de mérite, qui raconte les passés.

A la place de ce palais de Rois, il faut élever une galerie de tableaux type. (*Voir Musées*).

Mettez là un pendant aux plus belles façades du Louvre, ou à la colonnade elle-même. Le monument entier gagnerait de l'unité. La vaste place du Carrousel, unique au monde, doit, pour posséder tout son caractère marmoréen, babylonnien, être cerclée de palais. On n'y doit voir que de la pierre, du marbre, du roc taillé et du bronze. Il lui faut l'implacable aspect des murs superbes. C'est ne pas comprendre la forte grandeur de ce monde de granit, c'est à plaisir rapetisser cette beauté imposante que ne pas lui laisser sa nudité ! Il faut que le spectateur se sente pris de toute part dans le silex et le marbre. Ici c'est le caractère qu'il faut conserver dans sa plénitude.

Sous l'Empire on a détruit ce grand effet formidable. On n'en a pas compris la beauté. On a mis la fausse idylle de deux jardinets, qui cachent les palais, et n'ombragent personne sinon quelque couple suspect.

On voulait masquer la différence d'axes entre le Louvre et les Tuileries. Le grand caractère de l'ensemble l'emporte sur cette mesquine considération. Personne ne songe à ce détail qui s'efface dans l'immensité de granit.

On construirait donc, remplaçant celui des Tuileries, un palais analogue à celui de la place, avec ses puissants pavillons, ou aux plus belles façades du vieux Louvre, qui sont d'un grand effet. Il rejoindrait les pavillons de Flore et de Marceau, du même coup on referait cette plate façade impériale au côté du palais qui touche à la rue de Rivoli.

Comme on n'aurait pour aménagements intérieurs que de
simples galeries de statues et de tableaux, les frais seraient
beaucoup diminués. Le Louvre regorge d'œuvres d'art qui
n'ont pas de place suffisante. (*Voir Musées*).

J'ai bâti ma maison avec les pierres des Tuileries qui ont
abrité tant d'horreurs. Ces pierres n'ont vu depuis ce temps
que l'amour de l'art, de la science et de l'humanité.

La place du Carrousel ne doit pas rester à jamais honteu-
sement boiteuse.

IV

LE PANTHÉON

Le Panthéon a de la noblesse, et peut, doit arriver à une
vraie beauté. Victor Hugo l'a comparé à un gâteau de Savoie,
c'est faux comme une boutade. Il est vrai qu'il est froid ; du
David en architecture. Soufflot en se tuant de désespoir devant son œuvre incomplète a invité ses successeurs à l'ache-
ver. On pourrait facilement le réchauffer de sa froideur et
lui donner un air artistique. Il a de belles lignes.

Il faudrait poser sur sa lanterne, une flèche analogue à
celle du dôme des Invalides. Le caractère de sa coupole en
serait complètement modifié et embelli, il deviendrait élégant au lieu d'être grêle. Cette flèche d'un excellent effet est
très française. Saint-Pierre de Rome, les dômes étrangers
n'en ont pas. On ne la retrouverait que dans certaines constructions orientales et indiennes, mais dans des conditions
différentes.

Le corps du dôme est étranglé, il faut qu'il soit élancé.
On peut lui donner de l'ampleur et de la grâce vivante en
gauffrant les nervures, en plaquant dans les intervales, sur
la coupole, un ornement en relief. On dorerait la flèche, la
lanterne, les nervures et l'ornement.

Ces nervures gauffrées viendraient reposer sur le haut des
colonnes en avant corps. La coupole gagnerait en plénitude,

en lier., en pittoresque. Je ne crains pas de dire qu'elle serait vraiment sœur de celle des Invalides.

Au dessus du cercle de colonnes qui soutient le dôme on placerait une suite de statues dont l'élancement sur le ciel, ajouterait de la masse et en même temps beaucoup d'élégance. On pourrait dorer les chapitaux de ces colonnes. Le Panthéon ainsi modifié égalerait les plus beaux dômes.

On établirait en bas, autour des grands murs nus et plus qu'insignifiants, tristes, plats et revêches, une loggia de colonnes cannelées, soutenant une terrasse à l'italienne. Ces colonnes rappelleraient celles du péristyle qui sont bonnes et feraient le tour de l'édifice. On placerait aux angles du fronton et tout autour de cette colonnade, les statues des grands hommes qui y sont ensevelis.

Pour relier la base au faîte on dorerait si l'on voulait les chapitaux des colonnes et le fond du fronton.

Le Panthéon doit être, non un temple catholique, mais un monument national consacré aux génies de la science, des arts et du dévouement patriotique. St-Étienne du Mont, si près, fait avec lui un pléonasme d'église.

Cette colonnade du monument géant l'agrandirait encore, lui donnerait une base qui lui manque pour sa hauteur et son dôme.

Si comme je l'indique (*Bibliothèques*) on entourait toute la place d'une colonnade proportionnée à la bibliothèque Ste-Geneviève dont elle serait le promenoir et l'ornement, on aurait là un des beaux lieux de Paris. On le doit à un monument d'un ordre aussi élevé et en somme aussi beau que le Panthéon, qu'on laisse avec un coupable dédain dans un désert. Je le répète, cet édifice doit à peu de frais devenir magnifique et l'un des orgueils légitimes de Paris.

Mais qu'on le conserve pour nos grands hommes. Sa décoration intérieure ne convient nullement à sa destination. Il est inoui que la République ait fait une pareille faute. Que Geneviève, Jeanne d'Arc, Jeanne Hachette, en tant qu'héroïnes soient là à côté de nos héros et de nos grands hommes, rien de mieux. Mais il ne faut pas accorder toute la place aux légendaires actions de l'une d'entre elles.

On doit dans l'intérieur du monument dorer les rosaces du dôme, les chapitaux des colonnes, certaines corniches.

Le monument perdrait toute sa froideur. Le Panthéon doit être décoré habilement : il sera splendide. Il faut le considérer comme un temple qui n'a pas été fini.

V

LA CHAMBRE DES DÉPUTÉS

Ingrate et lourde face, vraiment décourageante. Je renvoie à ce que j'ai dit au Paris officiel. Je crois devoir y faire allusion dans cette revue des monuments.

Les édifices construits devant les ponts doivent toujours être en contrehaut du sol proportionnellement à l'élévation nécessaire des arches, sinon il arrive ce que l'on voit à la chambre des députés, les gardefous et la voie même du pont, montent par la perspective, jusqu'à mi-corps de l'édifice, l'encaissent d'une façon pitoyable.

De la place de la concorde, on voit émerger un haut de palais sans base qui semble noyé dans le fleuve ; c'est du plus misérable effet. L'Institut est dans le même cas.

Il est bien difficile de modifier ces défectuosités. On pourrait améliorer la chambre des députés, en continuant les colonnes jusqu'aux deux extrémités de la façade. On élèverait l'attique et par conséquent le fronton orné de statues à ses angles qu'on accompagnerait de deux frontons ronds aux bouts de la colonnade. Il faudrait canneler les colonnes ; on pourrait en dorer les chapiteaux et le fond des frontons. Canneler les colonnes leur donner de l'élégance. L'or rend gras et les froideurs, les sécheresses disparaissent avec la monotonie, qu'on a tant besoin de corriger dans cet édifice et dans un trop grand nombre de nos constructions.

VI

LE PALAIS DES INVALIDES

Le dôme des Invalides et celui de St. Pierre de Rome sont sans comparaison les plus beaux qu'il y ait au monde.

Le monument qui est accolé à notre chef-d'œuvre en est vraiment indigne, il faut qu'il soit palais, il n'est que caserne lourde et plate.

On peut facilement embellir cette façade sans la changer, en ajoutant par devant une loggia a deux étages dans le genre de la colonnade du Louvre. L'étage au-dessus reste-rait en attique qu'on suréléverait par une corniche impor-tante et une galerie a l'Italienne. Les toits des pavillons du milieu et des extrémités, pourraient être coiffés à la façon du nouveau Louvre, d'ornements qu'on pourrait dorer, pour les accorder avec le dôme. On planterait des statues et des Trophées décoratifs aux angles des frontons et sur la gale-rie.

L'édifice serait admirable ainsi. Son dôme si pur, si par-fait, de grâce si inimitable, ne craindrait certes pas la compa-raison avec St.-Pierre de Rome, plus puissant moins exquis.

On pourrait en faire un pendant plus digne encore, en complétant la place par une haute colonnade analogue a celle de Rome et aboutissant à des constructions dans le genre de la place Vendôme, qui occuperaient toute l'esplanade et feraient la plus belle enceinte du monde.

Que sont les quelques arbres de l'Esplanade auprès de cette vitalité superbe? Ce quinconce c'est la mort.

Il serait bon aussi de rendre la façade-Sud de l'Eglise plus digne de son dôme ; comme le Panthéon elle a l'air de ne pouvoir porter ce casque superbe.

A vrai dire il faudrait la refaire en l'avançant sur la cour et en grandissant son caractère étriqué. Elle tombe presque droit sous le dôme qu'elle semble ne pas soutenir. Un avant corps est ici commandé. En tout cas on pourrait atténuer les défauts de cette façade en ajoutant des figures d'ornement au fronton et aux frises. On les dorerait ainsi que les chapiteaux des colonnes. pour relier la façade au dôme. Cette coupole seule dorée, sur ce monument, très maigre de ce côté, réveille l'idée d'un pauvre qui aurait volé la couronne de Charlemagne, ou la tiare des papes.

Paris deviendrait, ainsi que je l'ai nommé dans mes ouvrages, la Ville aux dômes d'or.

VII

L'INSTITUT ET LE VAL DE GRACE

Le Val de grâce, l'Institut, les autres dômes de Paris sont des lourdeurs rapplaties dans le genre du Panthéon de l'antique Rome. Ils sont bien loin des Invalides, étant aussi maladroits et pesants que la coupole des Invalides est aérienne et inspirée.

Le dôme du Val de Grâce a cependant de la plénitude. Sur un monument plus élevé, il serait réussi.

Il faudrait faire pour lui, ce que Michel Ange, fit pour celui de l'antique Panthéon : le placer dans les airs. Tel qu'il est, il reste rabattu ; mais il est grave et conserve des éléments de noblesse. On pourrait lui mettre une lanterne et une flèche dans le genre de celle des Invalides. Il gagnerait de la sveltesse.

De même pour ce petit dôme bâtard de l'Assomption, qui, dans nos projets, deviendrait la paroisse de la Madeleine. On le voit de la place de la Concorde ; je n'en parlerais pas sans ce hasard qui impose la nécessité de l'embellir. On le pourrait facilement en modifiant dans le genre de ce que nous proposons pour le Panthéon ou l'Institut.

Les dômes de l'Observatoire, ont un faux air de ballons en partance auxquels ont aurait du donner au moins la beauté des formes de certains aérostats qui, de loin au repos, font le trompe-l'œil d'un noble édifice.

Le dôme du tribunal de commerce semble un melon desséché qui se contracte ; on pourrait lui oter cette apparence pénible en l'élevant et le corrigeant selon les indications ci-dessus.

L'Institut est tellement lourd, qu'il devient ridicule, si l'on songe qu'il a le devoir de représenter, tout à la fois, l'idéal de la science et celui de la beauté. Nul envolement n'est possible sous une telle coupole.

Rome l'eût subi, applaudi peut-être, aimant la force trapue ; mais certes Athènes l'abattrait avec horreur, pour faire un palais digne de ce double et divin idéal ailé. .

Faut-il chercher a le corriger ? c'est difficile, avouons-le. Il faut nécessairement l'élever. On pourrait gauffrer les nervures du dôme comme je l'ai indiqué pour le Panthéon, mettre dans les pleins un ornement en relief dissimulant la petite fenêtre, surmonter la lanterne d'une flèche. Les flèches de tous ces dômes donneraient à Paris un caractère d'élégance et d'envolée. Paris deviendrait féérique et original. On dorerait la flèche, la lanterne, les nervures, les ornements. Mais le reste du monument ? On pourrait canneler les colonnes pour les alléger.

Il faudrait aussi élever l'attique de façon a cacher ces toits écrasants, empêchant le planement si nécessaire dans le temple de la pensée. On referait les toits des pavillons dans le goût de ceux du carrousel. On élèverait le fronton avec l'attique, sur lequel on placerait une galerie a l'Italienne couverte de statues. Hélas ! ne faut-il pas tout refaire ?

VIII

PALAIS D'EXPOSITION
DES CHAMPS-ÉLYSÉES

L'Ancien palais était absolument manqué. La platitude de ce mur à petites baies rondes, la grosseur hors mesure de ce ventre de verre tourné au soleil, faisaient un monument hydropique appelé à disparaître. On aurait pu cependant encore en tirer parti. Je retranche ici ce qu'on aurait pu en faire puisqu'il a été presque tout abattu. Il ne me reste qu'à souhaiter la beauté aux édifices qui le remplaceront. Ils doivent être non pas un marché banal, comme l'ancien, mais des monuments babylonniens et de haut goût adéquats à la place qu'ils occupent dans la plus belle avenue de Paris.

Je n'aime pas à voir abattre. Qu'on fasse quelque œuvre digne du *Paris de l'ère de la Science*. Je le souhaite si ardemment que je tremble.

Espérons.

IX

HOTELS ET PALAIS

Rome, Naples, Venise, Florence, Gênes ont des Palais. Paris n'a que des hôtels.

A quoi cela tient-il ? A la royauté subie, à la nécessité de ne pas paraître vouloir lutter avec les rois. De là une timidité de goût, une sorte de modestie qui redoute l'emphase, et met son idéal dans une grandeur moyenne. Mais a quoi aboutit cette retenue forcée qui empêche de viser haut ? A la médiocrité, c'est grave. Cela semble passé dans le sang, car ce n'est pas seulement l'architecture qui en a souffert, mais tout ce qui est art et pensée.

Tout se tient dans les arts plus qu'on ne le croit. Il y a un lien caché. Pour des palais il faut Raphaël ou Titien, pour des hôtels Watteau et Chardin.

Cependant l'hôtel français est pratique, confortable ; mais il a la tache suprême ; il n'est point palais et devrait l'être. L'hôtel des dépôts et consignation lui-même, le plus beau de tous, avant qu'on ne l'eut abimé par les restaurations, ne pouvait prétendre à être palais. On sent que l'hôtel français est une conception qui date du temps où la noblesse était apprivoisée, intimidée, domestique du Roi. On pense à Montespan subissant Louis XIV. La noblesse n'avait pas de palais pour ne pas donner ombrage au Monarque. Nos hôtels sont des réticences courtisanesques. Nos vieux châteaux étaient magnifiques d'audace et de bravade.

Quoi qu'on fasse c'est l'état moral qui fait les états sociaux et leurs œuvres.

Les palais d'Italie ont été enfantés non seulement par un goût d'art élevé, aspirant tout droit au plus haut idéal, mais encore par des grands seigneurs égaux qui occupaient tour à tour les premiers postes de l'Etat et rivalisaient entre-eux de grandeur et de faste. Leur magnificence est fille de la jalousie aristocratique.

Ainsi l'absence des rois fait naître un art plus large et de plus de portée que la royauté. Aujourd'hui la France se trouve en puissance d'elle-même. J'attends d'elle que son goût croisse comme ses ailes. Que son art ne s'embourgeoise pas; qu'on ose l'idéal dans sa plénitude. Un palais n'aurait pas plus coûté à M. André, à M. Menier et à tant d'autres que leurs hôtels. Combien sont dans le même cas. Les palais doivent être les hôtels des riches hommes libres, non pas jaloux entre eux comme en Italie, mais jaloux de la beauté de la Patrie. L'imitation de Trianon, que M. de Castellane transporte à Paris, est un commencement, non une réussite complète. Il faut mettre les monuments à leur place. Trianon est un palais de campagne réussi. Le Palais Castellane ne l'est pas parce qu'il est palais de grande cité. Le vrai Trianon est trop rabaissé, c'est un repos dans la prairie. La construction Castellane si adorable qu'elle soit n'est donc pas un palais véritable.

Que nos architectes se préparent désormais à ce grand style des palais. Qu'ils laissent là les hôtels ; qu'ils aspirent aux proportions sans lesquelles il n'y a ni grandeur, ni véritable beauté. Le faste de nos hôtels avec leurs profusions de richesses, leurs débordements de luxe est tout aussi dispendieux et souvent plus, que les palais. Qu'on se persuade et sente bien que ce n'est qu'une affaire de goût, d'audace, de sentiment d'art. Un palais n'est pas du faste, c'est de l'idéal.

Beaucoup ont si peu le sens du beau, qu'ils sont disposés à l'appeler engouement de mégalomanie ! bourgeoisisme !

Le goût du grand et du beau se répandra dans les constructions secondaires. Elles perdront l'air bourgeois visant au luxe qui fait un peu sourire. Elles auront le calme .noble de la beauté. Je pourrais citer des hôtels bon marché, qui, uniquement par le sens des proportions ont plus de grandeur que des habitations de haut prix, et par là seul prennent une valeur supérieure à la dépense faite. Au fond de la réforme que je demande, la spéculation peut trouver des avantages positifs. Un constructeur intelligent doit s'engager sans hésiter à établir un palais pour le prix d'un de nos luxueux hôtels. Je vous le dis, le secret est dans les proportions.

Donner plus de hauteur à une construction coûte peu. On n'achète pas l'air, si l'on paie le terrain à haut prix. En hauteur on peut donc avoir toute la place désirable. Un hôtel élevé peut facilement se transformer en construction princière. Les étages hauts ont toujours grand style, et sont un des éléments nécessaires du palais. Il n'y a guère de terrain, d'hôtel vaste où l'on n'eut pu construire aussi bien une habitation royale. Ce qui constitue un palais ce n'est pas seulement la dimension, c'est le caractère. Sur ces hauts étages mettez un couronnement puissant, une toiture ornementée, surtout un attique et des frontons, ajoutez de forts reliefs aux ouvertures, une porte cochère largement coupée à colonnes de marbre ou même de pierre, vous arrivez vite au palais. Pourquoi les habitations des deux reines d'Espagne, du duc de Trévise ne sont elles que des hôtels ? Parce que les architectes n'ont pas eu le sens des proportions.

Ce défaut rendrait très difficile la transformation des hôtels existant en palais. Quelques uns, cependant, pourraient être corrigés dans ce sens. Mais le palais, habitation particulière, est encore à faire à Paris. Il faut attendre les constructions nouvelles. Augmentez la masse ; grandissez et harmonisez les proportions ; faites des reliefs puissants, telle est la loi générale pour avoir des palais. Et qu'on y pense : même les maisons de rapport peuvent prendre de cet aspect.

Nos architectes sont si loin de comprendre ces nécessités que très souvent les constructions en épannelage ont plus de caractère que lorsqu'elles sont terminées. Leur goût des moulures mesquines, des profils prétendus fins, qui ne sont que petits, ont pour résultat d'enlever au monument toute sa masse imposante, il devient une platitude.

Pourquoi un édifice comme la mairie de Passy n'est-il pas un palais ? c'est beaucoup parce que le caractère des ravalements lui ôte sa puissance de vaste bloc. Je ne parle pas des proportions qui laissent à désirer. Mettez à ce monument un attique, une corniche considérable ; aux fenêtres de l'étage noble, placez des colonnes avec de forts balcons, aux portes cochères de puissantes colonnes doubles ainsi qu'aux extrémités. Déjà vous touchez à la transformation.

CHAPITRE III

LES MUSÉES

I

LE LOUVRE

I Les musées sont une des gloires de Paris.

Véronèse, Léonard de Vinci, Titien, Michel Ange, Rembrandt, Rubens, Raphaël, Claude Lorrain, c'est-à-dire les colosses, sont représentés les uns magnifiquement, les autres suffisamment.

Au-dessous d'eux les génies puissants qui se nomment Murillo, Velasquez, Van Dick, Giorgion, Corrège, Holbein ! Puis la masse des maîtres Paul Potter, Hobbema, Ruisdaël, Creasbecke, Poussin, Franz, Halls, etc ;

Enfin les petits maîtres, les Dujardin, les Watteau, les Huismans, les Teniers, les Terburg, les Van Goyen, les Van Hagen, les Greuze ; etc.

Tous ont là des chefs-d'œuvre d'ordre divers, et qu'un classement méthodique peut seul montrer dans tous leur relief. Le meilleur des classements, est celui du grand salon : les écoles mêlées, sauf quand il y a suite nécessaire comme la galerie des Médicis, de Rubens.

Pour mettre cet ordre dans un vaste musée, il faut être capable de faire la classification exacte des génies dans leur ordre de supériorité.

Je n'ai pas encore vu de critique qui ait eu cette puissance et cette précision de savoir. On juge des écoles par la mode courante.

On change de goût, comme si la beauté n'était pas immuable. On dit : il y a longtemps que je n'aime plus cela. Et, cela c'est Véronèse, Michel Ange ou Phidias. Oui Phidias, Michel Ange, Véronèse, subissent encore aujourd'hui ces caprices. Comment voulez-vous que des gens qui jugent ainsi, devinent les génies à naitre ou vivants près d'eux ;

En qu'elle pitié on prend la pensée humaine devant un tel spectacle.

On ne connait même pas le principe qui doit dominer la classification. Un musée représente-t-il la science de l'histoire, ou la science de la beauté ?

Il y a des collections historiques, philosophiques, mais le musée proprement dit, celui qui renferme les œuvres d'art de l'humanité, celui-là est consacré à la science du Beau. Le but d'une collection, l'ordre qu'on doit lui donner, est facile a reconnaitre par cette distinction. On doit grouper autour du chef-d'œuvre suprême placé dans le meilleur jour, les œuvres qui l'accompagnent le mieux.

Au Louvre l'ordre historique ne doit donc pas primer. Nous ne sommes pas dans un musée ethnographique, anthropologique, historique ; nous sommes dans le Musée de la beauté encore un coup.

Une règle domine toutes les collections de ce genre : Donner aux œuvres la place qui mettra le mieux leur perfection en relief. Tout est secondaire auprès de cette nécessité. Jamais un peuple artiste ne s'y trompera. Une époque trop critique pourrait seule commettre de tels contresens. Cela nous montre combien la critique est inférieure à l'art, puisqu'elle ne sait pas même monter jusqu'à lui rendre les respects qu'elle lui doit.

II.— Il faut dans les galeries de tableaux, un ordre décoratif et architectonique sans lequel, les œuvres ne seront jamais complètement vues. Il faut des panneaux composés, se balançant, se faisant valoir. L'Architecture est ici la servante de la peinture et de la statuaire. Les tableaux, les statues, ont sur l'architecture la puissance supérieure de la pensée, de l'émotion, de la complication infinie des belles lignes, de la couleur, de la délicatesse de structure des êtres vivants.

Il faut que l'art monumental subordonne son ornementation à ces poèmes humains. L'Idée est plus grande que le silex, le tableau plus noble que le mur.

Seul un artiste décorateur ayant tout à la fois la puissance de la conception du peintre et de l'architecte, peut concevoir avec génie l'aménagement excessivement difficile d'une galerie. Si le plafond de la chapelle sixtine n'avait cette merveilleuse ordonnance que Michel Ange lui a imposée, parce qu'il était un puissant génie décorateur, architecte autant que peintre, jamais chacun de ces tableaux si bien tapis dans son caisson, chacun de ses beaux jeunes gens qui s'élancent si élégamment et puissamment n'auraient eu toute leur poésie, toute leur importance.

Avec le classement historique on ne paraît pas même se douter qu'il y ait là une étude à faire. On suspend tout au hasard de la date. On noie pêle-mêle toutes les beautés dans le désordre de la succession du temps. On a une salle où tous les tableaux sont des chefs-d'œuvre mal placés, mal mis en lumière, se nuisant l'un à l'autre, s'entassant, s'étouffant, se tuant.

En d'autres salles tout est médiocre ; l'on passe sans regarder. On perd les sublimités de Michel Ange, les chefs-d'œuvre de Puget, dans de petites salles de rez-de-chaussée, où personne ne va. C'est de l'ordre de catalogueur, de cronologiste, de curieux, de feuilletoniste critique ; ce n'est pas l'ordre de l'artiste. On ne saura combien le Louvre contient de chefs-d'œuvre, que lorsqu'un classement méthodique, épris de la science de la beauté, les aura aménagés chacun dans sa lumière propre, dans son recul nécessaire. On a souvent donné des places indignes dans le Louvre, aux plus grands chefs-d'œuvre de la sculpture et de la peinture.

III On dira qu'on est à l'étroit. Le palais démoli, vide des Rois a laissé un espace précieux que l'art doit utiliser. Les ministères qui encombrent le Louvre peuvent être transférés. Le Louvre entier y compris les Tuileries, peut donc être mis au service de la science de la beauté et affecté à l'art. On pourrait alors établir toutes les décorations nécessaires. Il faut que chaque pan de mur soit une tribune de Florence. Cette ravissante salle doit sa réputation universelle autant à son aménagement qu'aux œuvres qu'elle renferme. Les appartements, les galeries, les murs, sont des cadres aux chefs-d'œuvres. Il faut savoir encadrer. Je le dis, on ne s'en doute pas dans notre musée de peinture. Michel Ange l'aurait vu d'un coup. Quel encadreur que ce génie universel.

La Galerie du Louvre est trop étroite, beaucoup. Elle n'a que douze mètres. Une Galerie de tableaux type doit avoir 20 mètres de largeur et dix de haut à la retombée du plafond. Il est bon qu'elle soit orientée du nord au sud, afin que la lumière y soit égale sur les deux côtés.

Ce n'est cependant pas nécessaire, car les tableaux doivent être toujours abrités du soleil.

Tel qu'il est le Louvre ne peut recevoir que des toiles de petit et de grand chevalet. La peinture épique, la décorative, la fresque, n'y peuvent être à leur point. Les toiles de Véronèse, de Rubens, y sont vues de trop près. Même dans le salon carré on n'a pas le recul nécessaire. On voit bien la chute des Titans, ce tableau sans pair qu'on a bien nettoyé mais mal recousu ; on voit encore le Jésus chez Simon le Pharisien, mais non les Noces de Cana.

A-t-on nettoyé ce dernier tableau si sublime ? Il semble avoir perdu de sa force d'effet. Il paraît moins brillant, moins puissant d'éclat, d'existence. Me trompé-je ? je le voudrais, mais je le trouve absorbé. Ce serait un grand malheur artistique. Qu'on veille de près les plus habiles nettoyeurs.

Pour jouir de cette œuvre à son point il faut se placer en recul dans la porte d'entrée à deux mètres. Malheureusement on ne le voit plus en pleine face alors. Comme je l'ai dit, les tableaux ont une grande exigence de précision, d'éloignement et de lumière. Quand on est au vrai point on voit combien l'œuvre de ces effrayants génies devient à la fois plus liée, plus harmonieuse, plus splendide. Beaucoup de gens sont choqués de Rubens. La véritable cause, c'est que la grande galerie est trop étroite, c'est qu'on voit ces belles toiles de trop près, à une portée où l'ordonnance de l'œuvre est dérangée par des tons qui demandent leur lointain pour être ce que le maître les a voulus. Placez vous au point dans quelque porte latérale et jugez. Un tableau qui n'est pas vu à sa distance, dans sa lumière, dans son cadre, est un tableau qu'on ne connait pas. Les meilleurs juges y sont trompés.

Je ne pourrais finir si je voulais citer toutes les toiles que l'ordre historique condamne à de fâcheuses places, malgré le bel aménagement nouveau qu'on a donné à la peinture comme à la sculpture.

Il y a encore beaucoup en mauvais jour : L'homme au gant le chef-d'œuvre sans pareil de Titien, le portrait de Rembrandt au bonnet de coton, par exemple. Les constructions postérieures du Louvre ont dans certains endroits jeté des ombres funestes sur la galerie. Il faut étudier les places propices à chaque toile, l'intensité de lumière ou le demi-jour que chacune exige, sous peine de perdre son effet. Delacroix, les coloristes veulent le jour plein ; Ingres et les dessinateurs gagnent dans la demi-teinte. L'on a trouvé pour la *source* et l'*Œdipe* la juste atténuation de clarté qui les fait le mieux ressortir ; Mais le plafond d'Homère ainsi placé est une crudité pénible. Il n'a pas été peint pour cette lumière. Un plafond est le plus souvent dans la demi-teinte. Il faut penser à cela.

En mêlant les écoles de façon qu'elles se fassent mieux ressortir bien des œuvres au Louvre deviendraient saillantes. Mais il faut le rayon lumineux que chacune exige.

Qu'on ne place pas les tableaux trop près l'un de l'autre.

Ils s'entredétruisent. Il faut un espace, un repos. Il faut de plus que chaque tableau soit bon compagnon au voisin.

Il est nécessaire que le ton des murailles soit fin et habilement choisi. Dans le grand salon carré on a pour plafond des blancs trop crus qui tuent les lumières des tableaux, et pour mur le ton chaud qui fait la demi-teinte et l'ombre des toiles. Cette monotonie anticoloriste altère la beauté des œuvres. Le fond doit être un contraste. Les tableaux sont généralement une chaleur étant la recherche de la vie. Les panneaux d'appui doivent être un froid. La couleur peut varier suivant la grandeur et l'importance du mur. Le rouge froid laqueux fait très bien. Plus le fond est étroit plus il faut qu'il soit sombre. Cependant certains, jaunes froids, accompagnant l'or des cadres, peuvent être aussi d'un grand ressort pour les tableaux et ils illuminent la galerie entière.

Les murs peints sont insuffisants comme fond des tableaux. Ils peuvent s'allier à la grave et grandiose fresque, aux très grandes toiles décoratives ; mais les tableaux de petit et grand chevalets demandent impérieusement les tentures. Otez les tentures de la tribune de Florence les tableaux s'assèchent.

IV. — Ce fut un crime contre l'art que de couper l'antique galerie de peinture. Il faudrait la rétablir dans sa longueur, et par le pavillon de Fore la faire communiquer au musée qu'on devrait bâtir à la place du Palais des Tuileries.

On construirait une galerie type de 20 mètres de large. On y devrait placer les peintures décoratives des Rubens, des Véronèse, des Delacroix, des Carraches, d'Ingres, etc..., Les statues de la Renaissance italienne, ces Michel Ange sans pareils au monde, et les plus belles œuvres de l'art français perdues dans de petites salles qu'on ne voit jamais. Il y a là une œuvre superbe à créer.

La République en doit faire sa gloire. Placer si mal Michel Ange ! Quelle honte pour nous. On y exposerait les chefs-d'œuvre de peinture et de sculpture de la France, qui n'ont au Louvre que des places trop secondaires. La modestie sied,

mais ne doit pas aller jusqu'à l'annihilation. On doit un
musée de premier ordre aux efforts de nos superbes artistes.
On les déprécie par des places médiocres.

La France est le premier des peuples dans l'art, dans tous
les arts, poésie, peinture, sculpture, et dans tous les genres
du plus léger au plus élevé, du vaudeville et du roman à
l'épique, aux drames et tragédies. Les gouvernants ont le
devoir de relever aux yeux du monde les œuvres Françaises.
C'est aussi bien d'ailleurs, affaire d'intérêt que de justice.
L'éxil relatif où l'on condamne nos grands morts en face des
morts étrangers, rabaisse injustement notre patrie.

Je voudrais aussi qu'on créat un musée du crayon. Daumier est plus grand que Callot et que tous les dessinateurs
du passé ; c'est le Michel Ange de la caricature : il vécut in-
compris de ceux qui ne pénètrent pas le génie. On lui pré-
féra le très spirituel et très charmant talent de Gavarni. Ce
sont de ces injustices courantes dans nos sociétés. C'est leur
déshonneur ! On peut ranger autour de ces maîtres un nombre indéfini de talents que notre époque à admirés.

V. — On a opéré de grandes améliorations dans la galerie des antiques. A-t-on tout fait ? Je ne le crois pas.

La coloration des murs, sauf dans le musée romain, n'est
pas assez harmonieuse. Les statues comme les tableaux ont
besoin de luxe autour d'elles. Un mur nu peint à l'huile en
vert nuancé, ou tout de marbre, les glace et ne les revêt pas,
ne les fait pas ressortir. Il les faut habillées de la draperie
des murailles. Le ton qu'elles aiment le mieux est la pour-
pre froide et intense rehaussée d'or. L'or est le compagnon
obligé des statues comme des tableaux. Ce soleil solide semble y mettre la vie. On pourrait tendre habilement une
étoffe derrière chacune des Vénus au moins. Voyez comme la draperie pare la Vénus de Milo, et lui est douce.

Les voûtes trop claires tuent les statues. Les Grecs avaient
des plafonds bleus de ciel semés d'étoiles d'or. Sans chercher à imiter les voûtes surchargées du musée romain, il
faudra se souvenir des maîtres inimitables de la statuaire ;

eux seuls ont su la parer ; il faudra peindre les ceintres des antiques grecs.

On devrait placer beaucoup de statues sur des socles tournants : Les esclaves de Michel Ange, par exemple, et toutes les Vénus sans exception. Nous avons là aussi deux Grecs vraiment vivant, en marbre, sous nos yeux. Ce sont les seuls de cette galerie de portraits dont Rome à la plus grande partie. Statues précieuses, chefs-d'œuvre de vérité ; c'est Démosthène, au moins sa tète, adaptée sur un corps grec, et Posidonius. Voyez vous se tournant vers nous le grand penseur et l'homme de l'éloquence antique. Quelle communion avec eux ; quelle émotion pour les jeunes esprits qui pensent : voir remuer un Grec, et ce Grec c'est Démosthène, la grandeur d'âme, le courage, le patriotisme, la volonté, le débordement non des mots comme Cicéron, mais de l'âme même comme Corneille. Monsieur Ravaisson, à qui on doit être très reconnaissant d'avoir tant fait, devrait donner cette belle et pure joie aux esprits qui se sentent en France frères des Grecs.

La lumière n'est pas toujours bien distribuée dans ce rez-de-chaussée ; mais qu'y faire ? Par des jeux de stores, de volets, arriverait-on à quelque chose ? c'est douteux. On peut tenter des essais.

Depuis de bien longues années j'avais demandé qu'on organisât la *Galerie des Vénus*, dans la partie qui précède la Vénus de Milo. En voila une certaine quantité unies dans un cénacle. Quelles différences ! Il semble que toutes les natures de femmes ont paru aux Grecs, Vénus elle même. La Vénus d'Arles, quelques autres n'y sont pas, la Vénus Génitrix, par exemple. Mais on peut déjà voir qu'elle diversité, de la fine et délicate à l'opulente. Elles sont en nombre et préparent bien à contempler la plus admirable de toutes dans sa gravité et sa simplicité maîtresses, la Milo.

Elles semblent, il est vrai trop perdues encore, collées au mur dans leur place secondaire. Ne pourrait-on, elles aussi, les mettre sur un socle tournant pour admirer les fines, les exquises, autant que la sublime.

La beauté d'un musée dépend du classement du relief qu'on sait donner aux œuvres. L'admirable Auguste en est l'exemple frappant dans sa niche. Les ornements dont on l'a entouré l'absorbent plus qu'autrefois. Il n'y avait pas une statue au Louvre qui fut d'un effet si puissant grâce à la place qu'il occupait et aux jets de lumière directe qui arrivaient alors sur lui, dans la pénombre de temple qui l'entourait. Le jour lui vient moins net aujourd'hui et le marbre perd beaucoup.

II

L'ÉCOLE DES BEAUX ARTS

I. — Encore un édifice sacré qu'on laisse enclavé. Il faut le dégager pour sa sécurité, pour sa beauté. On n'a pas le droit d'exposer un monument de collections aux risques d'incendie des maisons habitées. Le premier devoir est de l'isoler.

Il faut que ce palais soit un meuble de Benvenuto. Une Ecole des Beaux Arts ne doit pas relever du gothique, mais de la Renaissance et du Grec. Si la Grèce est notre aïeule, la Renaissance est notre mère. Toutes deux sont l'art de la raison libre succédant à l'art fidéiste et hiératique.

La cour de l'école avec les charmantes pièces originales qu'on y a réunies est agréable, bien que le monument manque de finesse. La façade sur le quai est insignifiante. On peut cependant en tirer parti en l'accompagnant de bâtiments qui compléteraient l'école. L'architecture de la Renaissance serait là en son plein jour. Il faut se souvenir de la villa Médicis, des Hôtels-de-Ville de la haute Italie, du nôtre, du Campo Santo de Pise, des constructions féériques de Florence avec leurs marbres blancs et noirs souvent si élégants, dans lesquels on pourrait mettre des combinaisons plus fines encore. On aurait à modifier le couronnement de la galerie actuelle et des œils de bœufs tout à fait manqués.

Rendons nous compte : A l'école, on cherche sa voie, au

musée on cherche la perfection de sa voie. Les moulages, les copies des chefs d'œuvres doivent donc ouvrir la voie.

L'Ecole des Beaux Arts est trop petite, pour enfermer les moulages et les copies de maîtres. On doit arriver à lui donner tout l'espace jusqu'au quai.

Un esprit grec, pénétrant, artiste et savant philosophe, M. Ravaisson a donné depuis longtemps à la France une collection de moulages admirables. Mais la France a l'incurie de ses richesses et de ses chefs d'œuvres. Il est bon que cette collection soit attachée à l'Ecole des Beaux-Arts. La reproduction des maîtres à mieux sa place dans ce lieu d'instruction que dans les musées des originaux comme le Louvre. J'ai écrit il y a longtemps ces lignes, j'apprends qu'on a placé la belle collection de Monsieur Ravaisson au Louvre. Elle y est la bien venue sans doute, mais je crois toujours que sa vraie place serait l'Ecole des Beaux Arts augmentée. Cette observation s'applique aux copies des tableaux. L'école est trop petite, soit, mais on ne peut pas nous priver de ses richesses. Il faut qu'elle soit agrandie et qu'elle enferme toutes les copies des arts qui sont au Trocadéro, de plus toutes les bonnes copies des grands maîtres. Comme je l'ai dit ailleurs, le Trocadéro doit être destiné aux œuvres des artistes vivants. Si l'on veut conserver un Musée au Luxembourg, il faut le construire.

II. — On a fort décrié l'idée du musée des copies. C'est une erreur. N'ayant pas les originaux nous devons être heureux d'avoir leurs belles images. Les toiles, les fresques surtout meurent ; les copies les font revivre. Que devient la cène de Léonard de Vinci? Nous n'en n'avons qu'une copie indigne. On nous en doit une parfaite. Un tremblement de terre peut détruire tout-à-coup des chefs-d'œuvre en Italie. Combien durera la Chapelle Sixtine? Il serait vraiment temps de la bien copier. Quelle honte pour le monde entier si tout s'anéantissait de ces œuvres sublimes ! Le Martyre de Saint-Pierre de Titien est perdu ; n'est on pas heureux d'en avoir la reproduction malgré sa lourdeur opaque ! M. Braun a fait la plus grande œuvre photographique de ce temps en reproduisant la Chapelle Sixtine ; mais qu'est cela ? Il faut la copie textuelle. .

Les esprits ignorants affectent de mépriser les copies. C'est une injustice. Certes, le Jugement dernier de Sigalon ne rend nullement l'original ; mais il y a d'autres artistes qui ont mieux pénétré les maîtres. Je citerai les reproductions partielles de Baudry d'après Michel Ange, Timbal d'après André del Sarte, Régnault d'après Velasquez, Cabanel d'après Raphaël, qui rendent beaucoup. Elles sont supérieures aux œuvres que ces artistes ont fait d'eux-mêmes. Les copies de Monchablon d'après les cartons de Raphaël, celles de Lefèvre d'après la fresque de Florence, sont dans le même cas. Il y a des esprits qui pénètrent très bien un maître et le reproduisent textuellement : André del Sarte a copié le portrait de Léon X par Raphaël, et les controverses sur l'original durent toujours. Les copies de Baudry d'après Michel Ange sont ce qu'il y a de plus beau dans son œuvre. Bien qu'elles aient une touche plus étreinte, moins large et abandonnée que le modèle, elles ont un parfum d'original. Cette faculté de belle copie est rare. Il ne faut pas demander ces travaux aux artistes trop peu avancés ou qui se *croient* arrivés. Les trop jeunes sont impuissants, les maîtres formés s'en ennuient. Il faut s'adresser à ceux qui ayant déjà acquis toutes leurs forces s'en défient encore, font les efforts suprêmes pour apprendre à passer maîtres. C'est à cet instant de la vie des artistes qu'ils feront les meilleures reproductions, non pas indistinctement de tous les maîtres, mais de ceux avec lesquels ils sont naturellement en analogie de qualités et de tempérament.

Dans ces conditions strictes un musée des copies placé à l'Ecole des Beaux Arts (car c'est la seule et vraie place) sera une aussi grande richesse qu'un musée des moulages. Il en sera le complément. Certes, la lourde, sèche et tout à lafois molle chair du plâtre ne rend jamais la nerveuse et distinguée contexture du marbre ; il y aura une différence analogue de la copie même parfaite avec le tableau d'un grand maître. Mais que de beautés restent encore ; faut-il donc s'en priver quand on ne peut avoir l'œuvre elle-même ? Les peintres à ragout très particulier perdront davantage, bien qu'il y ait des esprits copistes nés, qui savent reproduire jusqu'à cette saveur intime. Les grandes ordonnances, le grand goût qui ressort des œuvres magistrales resteront ; c'est-à-dire qu'on aura encore l'enseignement du beau. La traduction d'un grand écrivain, et surtout d'un poète, n'a jamais rendu l'original ; cependant on a raison de les traduire dans toutes les langues.

Que l'on fasse donc une Ecole des Beaux Arts digne du Paris de la Science, et de sa suprématie incontestée dans l'art contemporain ; qu'on y place la Galerie des copies, la Galerie des moulages et que le monument lui-même soit un chef-d'œuvre de goût, d'élégance. Qu'on y entre Grec par une porte, qu'on en sorte fils de la Renaissance par l'autre. Qu'il y ait de tout, depuis la collection de Phidias, jusqu'à la collection de Daumier.

Que le goût des peintres, des sculpteurs, des architectes s'y forme enfin, sans les rages copistes des exclusivismes classiques qui pèsent sur nous et coupent toutes les ailes. Elles apprennent à faire du convenable et n'apprennent pas à l'esprit à s'envoler. Il le faut pourtant sinon il n'est plus l'esprit. L'Ecole des Beaux Arts actuelle enseigne le convenable, cette mort du génie. C'est partout. Il est trop tard quand on dit comme David devant les chefs-d'œuvre antiques : « J'ai tout à oublier et tout à apprendre ». Le temps perdu ne se répare pas ; David n'a pas appris ; n'a pas réalisé sa noble parole. L'élève de l'Ecole des Beaux Arts, comme celui des Jésuites, porte presque toujours la tache originelle. Il est étouffé. Il faut que l'enseignement s'élargisse, que le jeune élève y trouve seul, librement par ses émotions, sa voie propre, sans même la chercher, au milieu des chefs-d'œuvre de toutes les époques et tous les genres sans exception.

L'École des Beaux Arts n'a pas fait l'art français contemporain ; Il s'est fait au contraire malgré elle et contre elle. L'école après l'avoir étouffé le plus longtemps qu'elle a pu, l'a suivi. Grande leçon qui suffirait à montrer que la liberté seule est la mère de l'art. Lachez vos élèves comme des poulains dans le pré au milieu des reproductions de tous les temps à l'école, et des originaux de toute espèce aux musées. Ni la peinture, ni l'architecture, ni la sculpture ne sont géniales à l'école. On n'y enseigne qu'un art étroit, pénible, sans expansion, sans idées. C'est très grave.

III

LE LUXEMBOURG

L'ancienne galerie du Luxembourg était mauvaise, la nouvelle est absolument insuffisante. C'est un salon de marchand de tableaux. L'ancienne était ce qu'il faut pour une collection de particulier, mais au moins c'était une galerie bien que trop mesquine pour une exposition nationale. On n'y pouvait voir que des tableaux de petit chevalet. Si l'on passait aux annexes c'étaient, pour la peinture, des couloirs et des chambres obscures, pour la sculpture, des réduits étroits et mal éclairés, où tout s'entasssait au grand détriment des œuvres.

Les sénateurs ont pris tout le palais pour les besoins du service. Il n'y aurait pas à regretter cette galerie si celle qui la remplace était digne d'une exposition nationale.

Le Trocadéro palais des fêtes est le palais de la vie. Les artistes vivants y seraient mieux placés qu'un musée rétrospectif. Les jeunes talents, les jeunes génies de la France recevraient pour leurs œuvres la visite des étrangers et de la foule. Cette galerie palpitante d'émotion, porterait l'animation dans ce magnifique quartier, tout près du très beau musée Guimet.

On pourrait collectionner un très grand nombre d'œuvres d'artistes vivant, la place étant considérable. La hauteur, la largeur des galeries y permettent l'exposition des grandes toiles. Un musée destiné aux achats des contemporains doit pouvoir être agrandi presque sans fin. On ne doit jamais dire à un chef-d'œuvre : nous n'avons plus de place.

On devrait transporter les collections de moulages à l'École des Beaux Arts, comme je l'ai dit, et conserver les deux vastes ailes du Trocadéro aux artistes vivants. Elles suffiraient toujours, car après leur mort leurs chefs-d'œuvres seraient transportés au Louvre. L'exposition du Trocadéro sans fin renouvelée aurait donc toujours un nouvel attrait. Elle serait un puissant encouragement pour les artistes vivants. Ces quelques salons du Luxembourg sont un Musée pour rire. Grand malheur pour l'art et pour les artistes.

<h1 style="text-align:center">IV</h1>

<h1 style="text-align:center">DES ACHATS</h1>

I. — Grave question que celle des achats.

Certe on acquiert des œuvres qui ont du mérite, mais il y en a trop de médiocres. On préfère les talents convenables aux hommes de génie. Pas un de nos contemporains de génie qui n'ait eu à lutter contre tous, administration et public. On craint de s'aventurer. Pourquoi ? On est ignorant. Si l'on s'aventure on le fait mal.

Des grands artistes mêmes il est très rare qu'on ait les meilleurs œuvres. L'étranger qui va au Luxembourg ne peut avoir la moindre idée du génie étonnant, de l'effort puissant et varié des nouvelles écoles françaises.

Il y a eu un temps où les Delacroix, les Rousseau, les Ingres, les Corot, les Decamps, les Marillat, les Millet, les Daumier, pour ne nommer que les morts, ont traîné sans qu'on pût les vendre même à vil prix. Beaucoup des vivants sont dans le même cas. C'est à ce moment de l'existence des artistes qu'il faut lancer les acheteurs du Louvre et du Luxembourg. Il faut qu'ils soient toujours sur la brèche, toujours en éveil en quête du génie nouveau, de la qualité qui se révèle, de l'œuvre qui veut sortir. Mais grande difficulté : il faut que des acheteurs très pénétrants, capables de juger. Là est le point. L'administration, les experts, le public ne le sont guère.

On aurait trop de tableaux, de statues, direz-vous. Soit, mais on aurait payé ce trop plein beaucoup moins cher que les quelques spécimens parfois inférieurs sur lesquels on se jette, quand la renommée et la gloire ont crié à l'acheteur, hésitant parce qu'il ignore : tu peux oser. Le naufrage de Don Juan de Delacroix, un de ses vifs chefs-d'œuvres, n'a pu être vendu à 6000 francs autrefois. Jeune, jai failli l'acheter à ce prix. Il était exposé sur le bitume à la porte du marchand, il en vaut 100.000 et plus aujourd'hui. Depuis que j'ai écrit ces lignes, il a été donné au Louvre, j'en suis heureux. Je revis une des vives émotions de ma jeunesse.

Dailleurs si l'on a trop d'œuvres on fera un choix, on vendra le surplus à gros bénéfices qui permettront ou de nouvelles acquisitions supérieures, ou des secours aux artistes malheureux.

La grande question ici est d'avoir de vrais, de profonds connaisseurs pour les achats. Ils sont rares. Je dois avouer que j'en ai vu bien peu dans ceux qui président à nos collections. Je leur ai vu faire de telles bévues, que je ne veux pas les raconter.

Par ignorance, par mollesse, par indécision, on manque volontairement les occasions, les meilleures pour les artistes et pour l'Etat. L'on jette des sommes excessives aux enchérés d'un tableau renommé. On paie la vogue, non le mérite.

C'est à nous qu'on doit en partie l'acquisition du musée Campana. Nous n'aurions certes rien écrit pour le faire acheter dans l'état où il nous est arrivé.

Lorsque Campana tomba sous ses malversations, je me trouvais lié à Rome avec quelques uns de ses amis qui par pitié, par vieux souvenirs, voulaient le sauver. On le pouvait en faisant sans retard acheter sa galerie. Mes amis me prièrent donc de faire un rapport sur les œuvres d'art qu'elle contenait. Je le fis en hâte et le leur donnai au bout de quelques jours. Ils le communiquèrent à l'Empereur.

Point de réponse. Cependant les puissances étrangères achetaient hâtivement toutes les pièces importantes de cette collection. Je voyais chaque matin de ma fenêtre du Corso, s'emplir et partir les caisses énormes. Je me désolais. Enfin l'ordre de l'Empereur arriva. La France achetait (à quel prix, je ne l'ai pas su, probablement très cher) cet insignifiant remplissage des Galeries, si considérable dans les collections italiennes. Les chefs-d'œuvre étaient partis.

Avouons-le, les directeurs du Louvre ne sont pas toujours de vrais connaisseurs. Ne devrait on pas adjoindre à la direction un conseil consultatif d'achats. Dix peintres, dix sculpteurs, cinq graveurs, cinq archéologues. J'y voudrais aussi deux commissaires-priseurs et experts, non que leur savoir puisse être consulté avec sécurité pour les œuvres d'art ; ils connaissent les curiosités, mais je n'en ai jamais vu un qui pénétrât réellement les qualités profondes des tableaux et des statues. Leur mérite ce serait d'être au courant des ventes et de connaître, non la valeur mais les prix de mode des objets d'art.

Les journaux ont organisé des services de reporter en quête de nouvelles, insignifiantes souvent. Pourquoi les musées, la Ville de Paris, ses conseils municipaux, et ces mêmes journaux n'auraient-ils pas un service de reporters chargés de rechercher et de faire connaitre les belles productions inédites, de dévoiler le génie, le grand talent et de les empêcher de mourir de désespoir ou de faim auprès de leurs œuvres ? C'est un devoir. Sauver, toujours sauver doit-être le désir humain. Les membres du conseil consultatif pourraient être les reporters et les acheteurs. C'est par de telles organisations qu'on devient Athènes.

II. — Tout le monde connait aujourd'hui les variations de la valeur marchande des œuvres d'art. C'est la honte éternelle des experts et du goût public.

Que Véronèse, Titien, Raphael, Michel Ange aient eu des

prix relativement minimes de leurs splendides travaux, ils étaient tenus pour des génies et non pas méconnus. Mais tant d'autres furent traités injustement par leur patrie dont ils sont aujourd'hui l'orgueil. Rembrandt les résume tous. Son portrait qui est au Louvre a été vendu 12 francs ; une étude d'homme nu 1 fr. 50 ; un autre portrait 2 fr. ; un autre 14 fr. 50 ; un autre 60 fr. ; David jouant de la harpe 108 fr. Tous ces tableaux ont aujourd'hui des prix fabuleux. Ce dernier vient d'être je crois vendu 210.000 fr. On rougit en écrivant ces chiffres auxquels on ne peut croire. Je ne m'étonne plus si Rembrandt se fit passer pour mort afin d'obtenir des prix plus honnêtes ; c'était un vol de payer ainsi de tels chefs-d'œuvre !

Corot n'a guère pu vendre sa peinture avant l'âge de soixante cinq ans. N'avons nous pas vu Millet mourir de faim devant son *Angelus* acheté par amitié quelques francs et qui a été vendu 800.000 et même 1.200.000. J'ai toujours vu rire devant les Millet aux expositions. Pauvre homme génial !

Que penser du goût public, des experts qui le reflètent ? C'est à désespérer de l'intelligence humaine. Quelle ignorance ! Quelle incapacité ! Cela est ! Que comprend on ? le succès ; qu'achète-t-on ? La renommée ! Quant à l'œuvre d'art elle ne vaut pour les hommes, que ce que vaut l'engouement. Il en est ainsi dans tous les arts, la poésie, la littérature, la musique, la peinture, la sculpture et le reste. Tous le savent et personne n'est assez fort pour se corriger. Ne croyez pas que ce soit l'ignorante foule qui soit ainsi, ce sont les corps constitués, les écoles, des plus basses aux plus hautes, les critiques, les professeurs comme les élèves. Chacun à son système, son parti pris, son préjugé, sa manière, hors desquels point de talent, point de mérite. Et chaque école à son entêtement souvent séculaire, des hautes écoles normales, aux lycées. On en est là chez nous et chez tous les peuples pour le sens du beau et j'ajouterai du vrai, car ils ont le même sort tous les deux. Partout la négation qui batfoue le mérite ; la louange idiote qui porte le néant aux nues et veut faire passer à la postérité de misérables productions oubliées demain. C'est nâvrant.

TITRE TROISIÈME

PARIS VILLE DE LA SCIENCE

CHAPITRE PREMIER

PARIS VILLE DE LA SCIENCE

I. — La France est le peuple de la *science* parcequ'elle est le peuple de la *Méthode*, depuis son idéal salique : chercher *la clef de la science, (la Méthode) et la Justice*. Elle a continué de l'être par le rationaliste Abeylar, l'expérimentaliste Rabelais, l'évidentiste Descartes et enfin l'impersonnaliste Strada. Ainsi notre grande patrie à toujours persévéré dans ce but sacré, le plus haut de l'humanité.

Paris, ville de l'art, doit donc être la ville de la Science.

Nous avons montré déjà son temple de la *Religion de la Science*. Mais ce n'est pas un culte platonique et de génuflexion qu'il faut à l'homme, c'est une adoration intime, effective et pratique. La vie de la France et de Paris l'exigent. Ils ne peuvent manquer à leur passé, à leur avenir. Le peuple qui inspirera les autres dans l'avenir, est celui qui aura *le critérium et les lois de la Méthode* SCIENCE FAITE, conduisant par là l'esprit à toutes les sciences faites et les sociétés à l'ordre libre par cet ensemble de lois certaines. C'est la fatalité du progrès, rien n'y résistera. Cela se fera malgré l'homme ; si l'homme ne veut pas en prendre la noble initiative. Je l'y invite ; je lui en donne les lois et les moyens depuis près de quarante années. Que la France mette en œuvre. Il arrivera une heure où la méthode s'imposera d'elle-même. On emprunte bien aux principes et aux idées que j'ai émis, mais fort incomplètement en général. Une loi de science ne se disloque pas au gré du preneur, car ce serait la fausser. Une loi c'est une indestructible unité que l'on foule aux pieds en ne la donnant pas dans sa stricte rectitude.

II. — Ceux qui ne veulent voir chez les Français, comme chez les Grecs, qu'un esprit léger et facile, mobile et superficiel, sont des superficiels eux-mêmes. Les œuvres les plus profondes de l'antiquité, dans les arts et les sciences, ont été produites par les Grecs, donc ils sont le peuple profond par excellence. Ceux qui réduisent la France aux badinages de Montaigne et Voltaire ont certes une belle page à lire, mais ils ne voient qu'une des faces de ce peuple à mille faces. Ils en passent, sciemment peut-être, la méditation, la grandeur, la profondeur. Laplace et Lamarck ont jusqu'ici conduit la science cosmogonique, la science anthropologique, comme Rabelais, Descartes, la science méthodique et philosophique du monde entier. Les *Droits de l'homme* sont l'idéal moderne de l'univers. Le grand génie, le grand art ont de tout temps eu leurs représentants en France. Le théâtre y a enfanté le plus noble idéal connu. Encore aujourd'hui la France est la reine de la poésie et de l'art, de l'imagination et de la plastique. Vous voyez bien que la France est le peuple profond. Sous le sourire d'Athènes et de Paris, il y a l'esprit qui a tout vu, tout embrassé, tout fécondé. Socrate remporta le prix de sculpture et fut le grand philosophe, le méthodiste martyr.

La France doit avoir ce rôle multiple. Il lui est assuré par ses aptitudes universelles, depuis la plus haute poésie et la plus haute science jusqu'à l'esprit vif et piquant ; depuis la puissante méditation inspirée jusqu'au bon sens. Elle aura sa grande action quand les préjugés de nos spécialistes, l'esprit de corps, de coterie, de chacune de nos écoles, de chacun de nos cultes, auront fait place à l'ampleur de vue qui à toujours été le fond des vrais grands hommes de notre race. L'esprit français est la pensée en équilibre ; parce qu'elle sait remonter au problème premier de la vie : la clef de la science, la méthode.

Créons donc sans retard les moyens pratiques de généraliser les études que les autres peuples poursuivent aussi avec tant d'ardeur opiniâtre et jalouse. Faisons dans l'éducation les modifications nécessaires.

Aujourd'hui déjà, mais surtout dans l'avenir, la plus grande puissance est au peuple qui aura le plus de science et le plus de suite dans la pratique et l'application de la science. Cette vérité doit avoir force d'axiome désormais et être toujours présente à tous les esprits. Elle fait partie du patriotisme. Que les jeunes gens le sentent au profond de l'âme.

III. — Pour que Paris soit effectivement capitale de l'univers il faut qu'il rayonne par autre chose que par le roman, cette légende de tous, comme les Fois sont la légende de leurs fondateurs. Le roman est l'énervement de la volonté d'apprendre et même de lire les œuvres graves et fortes. On en a le dégoût d'avance. C'est là que mène le goût précieux des joliesses de style remplaçant la simplicité nécessaire à la forte affirmation du vrai.

Je défie ceux dont le roman à formé l'esprit, d'être capables de suivre les œuvres d'un des grands génies dont l'humanité s'honore. Ils les déclarent ennuyeux. Ils ferment le livre dès la seconde phrase, dès le second vers. Ils s'en vantent. Pourquoi ? C'est que ces livres sont graves, et que pour lire les œuvres graves il faut une intelligence haute et une volonté. La volonté s'est perdue dans la lecture funeste des légendes et du roman, dans la recherche subtile du précieux, du néologisme, de l'effet piquant et fantaisiste, dont on veut partout le coup d'éperon continu.

Quand on pense que Victor Hugo a cru devoir faire un roman de 93 ; Renan, un roman de ce roman, la légende de Jésus ! N'est-ce pas la plus violente accusation portée contre notre époque *évidentiste* qui ne veut que cette littérature de prime vue, énervante, qui finirait par être écœurante malgré tout talent dépensé. C'est du génie dévoyé. J'ai un profond, un le douloureux sentiment du danger de cette littérature, d'ailleur charmante parfois, souvent. Mais il n'y a de sain à l'esprit que le simple dans la grandeur rendant toute la vérité des faits de la science et de l'histoire.

Le roman serait la perte de la France. Il fait naître les paresses de l'esprit et de la volonté. Le public ne rêve plus que cela : les chercheurs de succès ne font que cela, œuvre dangereuse pour la patrie, œuvre malsaine, dès lors. On devrait déjà comprendre ; ou comprendra plus tard l'énervement apporté à l'esprit Français par le Roman. Il a fait de la Patrie un Hamlet d'indécision. Qui fait des romans est un malfaiteur sans le savoir.

Il faut une littérature plus mâle, plus sévère qui fasse travailler la volonté et la pensée pour équilibrer l'esprit. Assez de recherches maladives et personnelles, assez de fouillements dans la perversité gentille, soyons les amants de la sublimité du vrai.

IV. — N'est-il pas pitoyable d'autre part de voir des esprits comme Taine, Renan, aller chercher leur public en Allemagne, en Angleterre. C'est coupable. Ils ont voulu le succès avant de songer à faire prévaloir la pensée Française. La comprenaient-il ? Je ne le crois pas. C'est leur excuse. Ils n'en voyaient que l'extérieur, non l'âme.

Certes la pensée Française toute cartésienne et évidentiste aujourd'hui a cette grande infériorité de gravité qui la fait tomber dans le roman à outrance, adapté même aux sujets sérieux ; mais ce qu'il fallait, ce qu'il faut, c'est non se réfugier chez les allemands et les anglais dont l'idéal est faux et bas ; c'est relever la pensée Française en restant fidèle à son sublime et unique idéal : *rechercher la clef de la science, (la méthode) et la justice.*

Ces écrivains très remarquables ne le pouvaient pas. Ils reportaient la légende romanesque dans la science même et dans l'histoire. Pour relever l'esprit Français il fallait refaire la Méthode. Si éclatantes que fussent leurs intelligences, leurs cœurs n'avaient pas le désintéressement nécessaire ;

leurs esprits n'avaient pas la profondeur suffisante, nécessaire aussi pour monter jusqu'à ce principe premier de la pensée. Ils ont donc versé dans les milieux anglais et Allemands qui, délaissant Descartes et l'évidentisme, inclinaient vers Rabelais et Bacon, idéal tout-à-fait inférieur. Il en est de même du positivisme, école sans méthode nouvelle, et qui remet en vigueur Rabelais et Bacon à la place de Descartes. C'est un recul et un recul dans le matérialisme où notre époque se trouve engluée sans savoir comment s'affranchir.

Tout cela c'est la déchéance de l'influence sérieuse de l'esprit Français. Descartes n'étant plus, et ne pouvant plus être chef de file, Rabelais, Bacon surtout prennent sa place. Les Allemands toujours imitateurs, après avoir jusqu'à Hégel et Kant pris Descartes pour conducteur, prennent aujourd'hui Rabelais et Bacon par l'intermédiaire de Comte.

V. — Pour que l'esprit Français reprit son rang, encore un coup, il fallait un nouveau progrès dans la *science de la méthode* ; car c'est la seule science de la méthode qui fait d'un peuple le conducteur des autres. C'est à Bacon et à Descartes que la France et l'Angleterre doivent d'avoir conduit le monde depuis plus de deux siècles. Tirez la logique des œuvres et des événements, vous comprendrez. C'est ce que fait l'*Epopée humaine.*

Le progrès causé par ces grands hommes est à terme. Il ne fait plus que s'anéantir en décadence. Mais la *Science faite de la Méthode* est assise, créée par un Français. Le *critérium impersonnel* vient remplacer le *critérium personnel* des Fois et des rationalistes, de Socrate, d'Abeylar, de Rabelais, de Bacon, de Descartes. C'est la plus grande révolution que le monde ait vue ; qu'on le pèse sans préjugé et avec une droiture, une bonne foi sans lesquelles on ne monte jamais à la science et à l'ordre.

Que cette science de la Méthode soit enseignée, que ce critérium impersonnel pénètre les esprits et remplace tout les égotismes des critériums personnels aux Fois, aux Rois, aux individus, c'est-à-dire aux rationalismes et aux fidéismes, la France est renouvelée. Elle devient la tête des peuples par la MÉTHODE, cette conductrice fatale des individus et des nations, comme Strada l'a démontré en en faisant la LOI PREMIÈRE DES DÉVELOPPEMENTS HUMAINS DANS L'HISTOIRE (*voir loi de l'Histoire*).

Pour tout dire d'un mot : Il faut que la France ait l'unité méthodique, c'est-à-dire l'unité par le principe premier conducteur des civilisations dans tous les temps.

VI. — Ce n'est pas tout ; il faut que la France ait des nations amies, attachées par des liens d'enfantement et d'inspiration, c'est-à-dire des colonies. Depuis que ces lignes sont écrites la France à acquis ces colonies. Mais il faut les garder et les faire produire en élevant les peuples à la liberté. Il faut une surveillance incessante des espions anglais, prêtres protestants, militaires, ou civils rodant, photographiant, excitant sans relache et hypocritement les populations. On n'est jamais en paix avec l'astuce allemande et anglaise. C'est une guerre continue ce qu'ils nomment la paix.

La Russie veut Constantinople ; l'Angleterre le monde pour colonies asservies ; l'Allemagne tous les pays qui ont été peuplés par des tribus dites germaniques, bien que ces peuples soient reconnus de différentes races par l'éthnologie; l'Italie veut renouveler l'empire Romain que l'Allemagne est prête à lui disputer ; la Grèce même bientôt, voudra renouveler l'empire d'Alexandre, l'Europe veut se partager la Chine et l'Afrique. l'Amérique qui disait rester chez elle vient à la curée.

Au fond que veut la France ? Répandre ses idées philosophiques, faire des peuples libres qu'elle éduquera. Elle seule à ce but affranchisseur. A voir toutes les prétentions des autres peuples, on ne peut s'empêcher de hausser les épaules et de s'indigner.

L'Italie faisant valoir les droits de l'ancienne Rome ; l'Allemagne ceux des barbares et de notre Charlemagne qui n'a rien de commun avec elle et l'à toujours battue, sont vraiment le comble du ridicule. Quand ce ridicule à des canons, il s'impose ; l'absurde devient le fait ! Il faut prévoir, il faut parer, donc il faut organiser, donc il faut avoir la science la plus complète ; il faut avoir le caractère le plus fermement juste et résolu !

Le peuple qui à le plus de colonies est celui dont la force, la langue, l'esprit dureront le plus.

Il faut pour que la France dure dans les siècles qu'elle ait des nations filles, qu'elle répande sa langue. Il faut qu'elle en simplifie l'orthographe pour la rendre plus facile à connaître. Le Français par sa clarté et sa franchise uniques devrait être le volapuck de l'univers, comme il a été, et est encore, le volapuck de la diplomatie. C'est beaucoup d'avoir une langue probe et simple autant que belle ; il ne faut pas la rendre difficile à apprendre par des considérations secondaires comme celle de l'orthographe, qui a varié, donc qui peut varier pour s'améliorer.

VI. — Les peuples jaloux, mais surtout les Allemands ne veulent pas que la France soit le peuple de la science. Où va leur vanité, on ne peut l'imaginer quand on ne l'à pas entendu soi-même.

J'étais jeune, je revenais de Rome avec des philosophes et des artistes Allemands. Après avoir réduit à néant les sophismes et le doute final de Kant, je voulus savoir leurs opinions sur l'art. Rempli d'admiration pour cet art italien le plus largement élevé de l'univers avec l'art grec, j'exprimais mon enthousiasme. — Oui, me répondaient-ils, l'art italien a été le piédestal de l'art plastique allemand ; les Michel-Ange pâlissent devant les Thorwaldsen qui n'est même pas allemand.

Il faut être vraiment idiot autant que vaniteux pour oser parler de cette fadeur, la statuaire allemande auprès de cette sublimité, Michel-Ange qui n'a d'égal que Phidias. J'étais indigné ; on se fâcha.

Un autre jour j'étais avec un juge et un philosophe, nous causâmes philosophie. Je parlais de la grande révolution de

Descarte. Je disais que Descarte était le père des philosophes modernes, qui n'avaient fait que l'amplification de son idée méthodique. Car tout part de la notion de la méthode et du critérium admis. — Oui, me répondaient-ils la philosophie française est le piédestal de la philosophie allemande.

Je repris : dites donc avec droiture que vous êtes les commentateurs de toutes les œuvres qui se font dans le monde. Vous n'inventez rien ; vous faites la rhétorique de tout ce qui se fait, de tout ce qui se dit. Tapis au fond de votre toile comme l'araignée, vous guettez tous les inventeurs et vous démarquez leurs œuvres quand vous les avez chargées d'annotations sans fin. Quelle idée neuve avez vous apportée ? Aucune. Rabelais, Bacon et surtout Descartes ont fait la philosophie et l'état social moderne. Diderot, Buffon, Lamark, Geoffroy St-Hilaire, Darwin ont fait la théorie du transformisme ; Lavoisier a fait la chimie ; Gilbert et Dufay ont fait l'électricité ; de Brosses a fait la linguistique ; Comte a fait le positivisme. La République de 89 a fait les citoyens soldats ; Napoléon après Carnot l'art de la guerre moderne ; Pasteur a créé la science des microbes qui devient la médecine universelle. Vos espions intellectuels et politiques vont partout récolter les œuvres des inventeurs ; vous commentez sans cesse, sans frein, sans vergogne, démarquant les idées à votre profit, comme vous démarquez les étoffes des fabricants étrangers. C'est votre génie. Il n'y a pas jusqu'à votre musique très belle, et que j'aime beaucoup, qui ne soit une musique de commentateurs. Le commentaire orchestral y remplace l'inspiration. Donnez moi l'idée, le motif, disait Haydn, je vais jouer pendant une heure. Méthode funeste à l'art à qui elle ôte la passion, la vie et ne laisse que le rêve. Gluck obéit aux théories françaises, Wagner commente Berlioz dont Meyerbeer s'inspire. Les Allemands baisaient les pans de l'habit de Berlioz. Mozart copie l'Italie. Tout cela ne vous arrête pas, vous dites : La théorie du transformisme est allemande ; le positivisme est allemand ; le panthéisme est allemand ; la science, l'art sont allemand. Vaniteux, votre philosophie, un soufle de la *Méthode science faite* l'a renversée. Votre science, on la prend sans cesse en délit de copie ou de fausseté ; votre panthéisme est une réédition des doctrines de l'Inde ; votre athéisme est la répétition des doctrines des encyclopédistes et de Comte ; votre art sculptural est médiocre. L'Allemagne n'a eu que deux génies Holbein et Albert Durer. Vos armées ont pu par surprises et par espionnage, accabler les faibles et les désarmer ; mais sans surprise vous n'oseriez attaquer.

Quand je pense qu'il y a de lâches esprits français qui ne parlent que les yeux fixés sur l'Allemagne. Les uns jurent par Kant ; Kant qui a pris la raison pure à Descartes, dont il a fait le commentaire, et l'idée de la liberté à la grande loi des droit de l'homme. Les autres ne voient que par Goëthe, cet homme surfait, un des plats caractères du monde, pillard de Lamark et plus tard de Geoffroy St-Hilaire, copiste de Voltaire dans le Méphistophélès, plagiaire de Marlowe dans le premier Faust, panégyriste enfantin de la Sainte-Vierge dans le second. On a abandonné Hégel pour Buchner, élève de rhétorique imitateur de Comte. Hækel cherche à souffler le transformisme à la France et à l'Angleterre, comme Bismarck les provinces.

Tout cela finira. S'il y a des vendus à l'Allemagne, et il y en a, car les espions viennent chez nous pour corrompre, autant que pour piller ; mais il y a aussi des esprits loyaux qui démasqueraient ces menteurs, ces démarqueurs, qui font du vol une vertu nationale.

Berlin capitale de l'intelligence ! Pour les ignorants, soit.

Voilà en quelques mots le bilan de la France et de l'Allemagne dans le mouvement progressif des siècles. Le progrès de la France date de son idéal salique et chaque pas a été progrès dans la science de la Méthode, qui lui appartient à elle seule par la *loi salique*, par *Abeylar*, *Rabelais*, *Descartes*, *Voltaire*, *Comte*, *Strada*. Vous n'avez fait que répéter les Directeurs de la Pensée, car toute notion neuve de la méthode, tout criterium nouveau décide des voies de l'humanité. Vous en êtes encore ainsi que les Anglais aux méthodes fidéistes, évidentistes et expérimentales.

La France sème, l'Angleterre et l'Allemagne récoltent. Notre Patrie a le génie, elles l'esprit d'application. Et puis aussi notre formidable et rapide logique va tout de suite au bout des situations. Ces mots sont terribles. Ce qu'ils cachent de défaites derrière nos victoires dans tous le passé est sans fin. Ce qu'ils en font prévoir dans l'avenir me terrasse de douleur.

La France n'aura sa plénitude d'équilibre et de force que lorsqu'elle aura la notion complète de la Méthode et qu'elle la pratiquera avec patience. Alors l'esprit de suite en fera la conductrice invincible.

Les partis qui la divisent contiennent-il la vérité ? Non. Des deux côtés les fausses méthodes conduisent tout, et mènent tout à l'abime, chacune selon son mode. Par un tel désordre du rationalisme qu'est-ce qui nous menace dans les deux camps ? Des fidéismes différents mais qui perdront également la liberté. Les dictatures des Fois, de l'or, de la conductrice force sont sur nous.

Un mot secret domine le monde : l'homme ne peut pas s'appuyer sur lui seul pour trouver l'équilibre et l'ordre. Il est contraint de s'appuyer sur les lois absolues des sciences faites, sinon tout croule, tout croulera toujours, comme tout à toujours croulé. L'absolu, c'est l'étai nécessaire de l'homme!

La méthode impersonnelle répond seule à toutes ces difficultés.

CHAPITRE II

L'UNIVERSITÉ UNIQUE

I. — J'ai montré dans la *Religion de la science* la nécessité de créer des Universités diocésaines, pour arriver *pacifiquement* à l'ère de la science, à la décentralisation.

Il faut balancer par l'éducation l'influence des institutions diocésaines des Fois qui faussent les esprits, en les plongeant dans l'hypothèse dogmatisée. Grand péril social qui infériorise la France.

Les Universités, qui n'auront de valeur que parcequ'elles seront les sciences faites, les sciences en train de se faire, seront donc la négation de tout dogme à priori, et par conséquent seront la vérité trouvée, ou la vérité en train de se trouver.

Il faut donc que l'instruction, l'éducation, la capacité aux carrières de la Patrie soient données par ces détentrices des lois de science, les Universités.

Il faut de plus arriver à créer un *esprit unique* en France et détruire ces mille tendances diverses, hostiles, toutes de préjugés et de systèmes qu'entrainent les diverses Fois, leurs divers modes d'instruction, et aussi toutes les écoles spéciales sans en excepter une. C'est entre toutes ces divergences un échange d'orgueil et de mépris très nuisible à l'union nationale.

7

Il ne faut a Paris, qu'une seule Université contenant tous les cours des écoles spéciales.

Il naitra de ce contact continu des hommes destinés à toutes les professions, un esprit général unique, qui assurerait le bien de la Patrie et n'empêcherait pas les jeunes gens de progresser dans les études spéciales à chaque carrière, à chaque état.

II. — On frémit, on hausse les épaules en pensant combien de temps l'esprit humain a été emprisonné dans la seule éducation des dogmes. Il faut l'élever jusqu'à celle des *Faits indestructibles* qui sont la science.

On frémit en pensant que l'esprit humain a pu se contenter durant tant de siècles des billeversées des Fois, de leurs hypothèses, de leurs rêves, de leurs sottises, et qu'il a pu subir sans indignation les crimes par lesquels elles forçaient d'y croire.

Il faut que l'homme se mette en équilibre avec Dieu. Il ne peut le faire que par la connaissance des lois des sciences, qui étant absolues sont les idées mêmes de Dieu, l'Absolu.

On frémit en pensant au désordre que la diversité des raisons humaines diversement élevées, crée dans les sociétés. Le pédantisme particulier à chaque école spéciale se poursuit pendant toute la vie et tache tout. Le pédantisme Jésuitique croit à côté de celui de l'école normale, de l'école polytechnique, de l'école de droit, de l'école de médecine, etc — Nos écoles *isolées* sont des cénacles de pédantisme spécial qui morcélent notre société en coteries ennemies. Il en reste toujours quelque chose dans les cœurs hostiles, dans les esprits faussés, atrophiés. Notre éducation morcelée apprend la guerre entre citoyens. Cela dure jusqu'à la fin de la vie.

Ces isolements, ces instructions contradictoires, et souvent haineuses créent des jalousies, des hostilités, des passedroit, des mépris réciproques dans toutes les carrières. Notre société reste par là divisée, soumise au caprice d'une école en vogue.

Ces résultats et tant d'autres sont désastreux. Voyez autour de vous.

Il n'y aurait donc qu'une seule Université dans laquelle se feraient tous les cours des écoles actuellement isolés. Ces dangers sociaux qui se perpétuent du jeune homme au vieillard seraient ainsi annihilés. Méditez ce progrès !

Il ne faut pas s'y tromper c'est aux Universités en grande partie c'est-à-dire à l'union de ces masses de cœurs jeunes et ardents de vérité, que le moyen âge a dû ses affranchissements, plus grands que nous ne le croyons aujourd'hui. Quand Abeylar réunissait le monde pensant à la Montagne Ste Geneviève ou au Paraclet ; quand Bologne avait dix mille étudiants qui nommaient leur recteur, on pouvait prédire avec certitude que la Raison, que l'étude du droit referaient le monde. Cela n'a point tardé. L'Italie malgré tout subit la Foi ; mais chez nous lisez Jean de Meung et voyez agir Philippe le Bel.

Nos élèves des écoles isolées prennent un petit esprit de corps contraire a l'esprit de nation, d'humanité, d'idéal unique. On a perdu le souvenir et le sens de l'idéal salique, cette unité de la Patrie et de l'esprit national tout d'efforts conjoints. Vous condamnez par votre organisation de l'enseignement la France à la division. Tout est isolé dans notre société par suite des isolements de l'éducation.

Une université unique où tous les élèves s'instruiraient du droit aux sciences physiques, des sciences physiques à la Philosophie, élargirait les esprits fortifierait prodigieusement l'intelligence générale, en élèverait le niveau, et assurerait l'unité de l'aspiration nationale, c'est-à-dire l'idéal social. L'éducation isolée nous émiette, l'éducation d'une Université unique nous réunirait et nous ferait Français d'idéal, de volonté et d'enthousiasme.

Il n'y a pas de pensée Française aujourd'hui. Chaque Foi, chaque école, fait des hommes combattant entre eux. C'est la mort d'un peuple.

Les familles sont divisées d'opinions fidéistes et de partis.

L'on met même ses vertus à s'entre haïr. Le service égal pour tous ne suffit pas pour créer l'unité ; il faut surtout et avant tout l'instruction, l'éducation une. L'unité morale fait l'unité des agglomérations humaines qui sont les nations

Des examens trimestriels ou même mensuels assureraient l'assiduité des élèves et leurs progrès.

Il faudrait donc à Paris cette vaste et unique Université qui mériterait son nom par son Universalité. Elle formerait une âme Française, ce qui n'existe pas, parceque les écoles isolées n'ont pas le pouvoir de la fonder, *ayant chacune leur notion de la Méthode.* On mettrait enfin en acte l'idéal salique : *chercher la clef de la science et de la justice.* ·

III. — Mais l'état, les rois, les gouvernements ont eu peur, ont peur encore. On a divisé les étudiants pour régner, pour mâter cette jeunesse qu'on trouvait turbulente. On a perdu l'âme publique, la solidarité de tous les Français isolés par l'esprit d'école, ignorants de tout ce qui n'est pas leur spécialité.

La large portée intellectuelle s'est abaissée et avec elle la Raison. Le spécialisme est une plaie, c'est un rapetissement. Dans l'université on apprendrait, sans s'en douter, toute chose en dehors de son travail spécial, on respirerait une atmosphère ambiante.

Autrefois l'université avait une justice à elle, le recteur ne pouvait être arrêté par la justice civile. Il faudrait tout d'abord poser qu'un professeur ne pourrait être ni arrêté, ni privé de sa chaire pour ses doctrines. Sans cette garantie quel progrès possible dans les sciences que l'université doit faire avancer et fixer. Seuls les *dogmes* convenus seraient interdits aux Universités.

Craignez-vous de courir des risques avec tant de jeunes gens unis ? Mais tout est risque dans la vie. Pour apprendre à monter à cheval, à faire de la gymnastique, il faut risquer de tomber. Qui ne risque pas reste inférieur ; qui reste inférieur succombe. Voulez-vous que la France succombe ! Perdez donc la crainte du risque. Pourquoi d'ailleurs cette Université serait-elle plus redoutée que ne sont aujourd'hui la Sorbonne et le collège de France où sont enseignées des sciences très diverses et jusqu'à la théologie qui n'est certes point à sa place dans un lieu d'études uniquement scientifiques, car elle n'a pour bases que des dogmes c'est-à-dire que des à-prioris artificiels.

IV. — L'emplacement de cette université est tout trouvé.

Entre le jardin des plantes, la Sorbonne, le collège de France, l'école polytechnique, l'école de droit, et le Panthéon, se trouve un terrain occupé par un vaste établissement qui serait infiniment mieux placé à Bercy. J'ai nommé la halle aux vins.

Elle arrête le développement de Paris de ce côté, car cet emmagasinement n'est pas le commerce vital dans une cité. D'autre part les établissements scolaires dissiminés sur la rive gauche en paralysent l'activité dans plusieurs endroits,

Le développement actif gagnerait à les centraliser.

L'Université unique établie sur l'emplacement de la halle aux vins permettrait au faubourg St. Germain de devenir bien plus actif. Nous voyons combien le boulevard l'a transformé ; mais malgré la rue des écoles, il reste trop isolé encore.

Paris serait ainsi appelé a se développer au-delà du Muséum et de la gare d'Orléans. L'Université ne gênerait en rien la capitale. Elle assurerait un quartier paisible pour les études, et éviterait cet encombrement de tonneaux qui entrave tout. La Halle aux vins c'est une paralysie. Sauf quelques camions tout semble inerte.

On pourrait réunir par des voies directes et des agrandissements l'école polytechnique, l'école de droit, la Sorbonne et le collège de France. Tous les cours, également ouverts a tous, mettraient en continuel contact tous les étudiants.

L'école de Médecine seule serait trop éloignée. On devrait la réunir au Muséum qui ferait partie de l'université. Il serait très important que l'école de Médecine fût en pleine université à cause des Données méthodiques puissantes (*quoique incomplètes et par là dangereuses*) qu'elle apporte à la pensée humaine. Il serait non moins nécessaire que l'école normale supérieure, et d'autres encore y fussent réunies. Le balancement de toutes ces instructions se pondérant par le voisinage, établirait l'équilibre nécessaire, et seul vraiment vital dans le cerveau des générations. Cette université aurait donc pour grands centres, le collège de France, l'école polytechnique, l'école de droit, l'école de Médecine, la Sorbonne, l'école normal et le *Muséum* d'histoire naturelle qu'on y réunirait en l'agrandissant, et qui deviendrait son jardin aéré.

Dans cet espace bien aménagé de belles constructions analogues au vieux Louvre au bord de l'eau, auraient lieu tous les cours de droit, de médecine, de sciences physiques, philosophiques, mathématiques, militaires, civiles, industrielles, l'école normale supérieure et les autres.

Nous aurions là, le foyer d'impulsion unique qui ferait circuler un sang universel, une séve identique, une émulation générale. Ce jour là la Patrie serait une et grande.

On venait autrefois apprendre la philosophie à Paris; on y viendrait tout apprendre. Et la France de nouveau épandrait son esprit universalisé comme la méthode science faite sur le monde entier.

V. — Ces universités uniques devraient se multiplier dans toute la France, pour arriver à l'unité totale.

On créerait donc dans toute la Patrie autant d'universités qu'il y a de diocèses. (*Voir Religion de la Science*).

On ne pourrait arriver aux fonctions publiques qu'en sortant des universités.

Il suit de là que les hommes de toutes les professions, l'armée et les carrières civiles seraient animées d'un même esprit général.

Au lieu de cette université désirable, nécessaire, nous nous trouvons en face de divergences de toutes sortes, de sots orgueils d'écoles, de sectes, remplaçant les orgueils de castes et de Fois, qui affaiblissent et tueraient peut-être la Patrie. On en voit aujourd'hui un épouvantable résultat. L'Unité d'instruction, qui sera l'émanation (même inconciemment sentie) de cette université Unique, sera notre salut et notre force parcequ'elle fera naître l'amour entre tous. Que la nouvelle décadence du rationalisme, de ses méthodes et de ses critériums qui se déchaine sous nos yeux, nous ouvre enfin l'intelligence et amène une conviction sérieuse et sauveuse. Le danger que nous courons est imminent pour qui sait voir jusqu'au fond et remonter au principe. Ah les résultats des fausses méthodes fidéistes et rationalistes vont toujours, poursuivant le monde depuis son commencement. La seule science faite de la Méthode peut nous en délivrer. Et les hommes sont si aheurtés qu'ils ne veulent même pas se recueillir et étudier la question maîtresse. Les peuples sont suspendus à un fil que tient la notion de la Méthode.

VI. — Une autre considération importante c'est que par la seule création de ces universités diocésaines, nous arriverions à la décentralisation sans danger, sans injustice, sans révolte de provinces, sans pression gouvernementale.

Quand il faudrait nommer des professeurs aux universités, on le ferait après consultation et vote de toutes les Universités.

On comprend quel esprit d'unité naitrait en France ; on comprend aussi qu'il ne serait plus possible de voir régner cet antagonisme désolant, (mais juste à certains égards) de la Province contre Paris. On peut dire que toute la France serait capitale. Cette belle égalité aménerait une fraternité inconnue qui sans fin aurait quelque chose de l'élan des fédérations.

On n'entenderait plus M. Mistral dire, hélas ! «Quand une province a retrouvé sa langue elle est bien près d'avoir retrouvé sa nationalité. Mot impie, désastreux, par le separatisme qui y est inclus. Quand la Province ne va pas jusque là, elle a cependant des bonds de colère jalouse contre Paris qui accapare tout. Les universités diocésaines changeraient ces mœurs regrettables.

Ces indications générales suffisent je crois dans un ouvrage de cet ordre, je renvoie a mes ouvrages spéciaux.

CHAPITRE III

ENSEIGNEMENT DES UNIVERSITÉS

I. — Pas plus que les Fois, l'état ne doit enseigner.

L'état subit des changements de personnes et de directions qui sont toujours très dangereux pour la Patrie. C'est la science soumise à la politique ; la liberté légitime de la pensée est donc en péril permanent.

Qui doit, qui a droit d'enseigner : Les universités seules, parce que seules elles sont la science.

Un conseil serait le directeur dans chaque université.

Le Conseil universel des Universités diocésaines réuni à époques fixes, déciderait les questions générales. C'est par l'ensemble des universités que seraient nommés les professeurs.

Ainsi on le comprend, ce serait la *science* qui conduirait réellement l'éducation du pays. La science seule ici a droit. Elle mettrait la Patrie a l'abri des intérèts personnels de l'État et des différents cultes, ces troubles continus des consciences.

La liberté de la science et de l'enseignement serait assurée.

Tandis que l'état et les cultes font des hommes pour eux seuls ; La science ferait des esprits pour la science ; donc pour la Vérité et pour l'ordre social, qui ressort toujours des sciences, quand elles sont *faites* ; c'est-à-dire qu'on aurait des hommes pour la nation et pour l'ordre libre.

La base imbrisable, intangible, inchangeable de l'enseignement serait la MÉTHODE IMPERSONNELLE SCIENCE FAITE qui seule détache les hommes des *fidéismes* et des *rationalismes,* croyances aveugles, passionnées, personnelles, et égoïsmes vaniteux. Ces deux méthodes antiques ont été, et seront toujours mères de tous les désordres. Je l'ai largement prouvé dans *l'histoire* et dans *l'Epopée.* La *Méthode impersonnelle* seule peut faire les désintéressés, les héros, les vertueux, les nobles de cœur. Etant l'impersonnalisme, elle engendre toutes les hautes vertus, et l'homme reste humble au milieu de ses grandeurs.

De pareilles qualités étant dominantes, un homme, un peuple sont propres a tout. Impersonnalisé, l'homme est prêt aux sacrifices qu'exigent le travail des différentes carrières et les devoirs envers la Patrie et les amitiés, les amours et même les devoirs de grandeur d'âme envers les ennemis.

Les grands coups de cœurs sublimes, des abnégations, suivent les hautes notions de l'esprit devenu impersonnel. Le cœur est impersonnel, et par là accomplit les héroïsmes ; il faut que l'esprit le soit pour faire les vérités.

Croyez-moi : dire la vérité est un héroïsme.

II. — Il est urgent que l'éducation ne soit pas toute littéraire ou mieux hélas toute verbale, car vraiment le lycée n'est qu'une instruction de mots. Six ans de versions et de thèmes ! On ne commence a aborder la pensée qu'a la philosophie, car la réthorique n'en a que le semblant. Il faudrait renoncer au mode d'enseignement qui conduit au Baccalauréat. Cette instruction est trop superficielle. Il faut l'instruction des faits. L'éducation doit-être vitale.

Par les traductions de toutes les grandes œuvres de tous les peuples qui nous ont précédés, nous en saurons plus que par nos avalanches de thèmes. Une histoire détaillée des pensers, des actes, des ouvrages de l'antiquité, et du moyen âge, jointe aux traductions apprises par cœur, enseigner mieux l'âme du passé que les longues et inutiles années perdues à apprendre le latin et le grec, que personne ne sait, sauf cinq ou six premiers élèves de chaque classe. Mais du savoir des mots à l'intelligence des beautés d'une langue il y a loin encore. Les professeurs même les comprennent-ils jusqu'au fond ? Les pédants l'affirment, les autres tremblent. L'étude des langues n'est que l'étude des mots. Il faut avant tout l'étude des idées. Le nécessaire est d'apprendre à penser.

Le premier principe de l'éducation se résume dans les lois légitimement directrices de la conscience et de l'esprit, par là, de la conduite de la vie. Il faut faire des droits, des purs, des consciences hautes, non des hableurs, non des faiseurs qui seront bientôt des vils. Ce premier principe c'est la science de la Méthode.

L'enseignement de la Méthode est très simple s'il est très haut et très important. De là dépend la ligne que suivront la pensée et l'existence. On apprend là le dévouement, la rectitude puissante pour se diriger et diriger la Patrie. Comme on a d'ailleurs appris les mœurs, les œuvres, l'histoire des peuples, on sait se conduire au milieu d'eux. Le dévouement c'est le point culminant, c'est le détachement du *Moi* qui fait les bons et les héros.

Certes on ne peut se passer de concours et d'examens pour constater le savoir des élèves, mais tel qu'il est le Baccalauréat est plus qu'inutile, dangereux, car il confine l'instruction et l'éducation dans les mots plus que dans les idées et les faits. Comment arrive-t-on à penser profondément avec un tel mode de culture? On fait des bavards vaniteux, futiles, au lieu de véritables penseurs.

La Méthode impersonnelle plaçant l'esprit humble en face des faits ; ayant pour critérium absolu *l'Indestructibilité du Fait*, conduit nécessairement à des innovations qui assurent la solidité des intelligenes et des caractères. Elle ne se repait pas de mots, elle ne veut que des réalités dans tous les ordres du savoir. (*Voir Méthode générale, Ultimum organum.*

III. — L'univers actuel vit dans une hypnotisation ; La contemplation des *Fois* et du *moi* qui aboutissent aux fureurs. Il faut l'en sortir.

Les *Fois* c'est l'esclavage du moi par terreur.

Le *Moi* c'est l'égoïsme par orgueil. Il faut lui apprendre l'impersonnalité. Nul peuple ne le peut mieux que notre Patrie ; car si son éducation la pousse à la futilité des mots, son cœur admirable reste spontanément propre aux grands dévouements.

Elle a la méthode vraie dans le cœur, qu'on la lui mette dans l'esprit et dans l'instruction.

Il faut qu'on apprenne à se devouer à la Patrie et a l'humanité. Il faut savoir embrasser les carrières qui sont le plus utiles au pays et non le plus flatteuses pour l'indolence, la jouissance, la vanité, l'intérêt individuel. Il faut nier les hommes néants et n'estimer que ceux qui savent mourir pour la vérité.

Les Universités enseignant toutes les directions du savoir humain, mettront cet équilibre dans l'âme de tous. La Méthode impersonnelle ouvre, aide, guide, pousse les esprits a l'impersonnalité aussi bien que les cœurs aux dévouements.

La science, ses développements, ses inventions, font une vie nouvelle aux hommes, aux peuples. Il faut qu'ils aient autre chose que l'éducation de deux langues anciennes, inutiles, sauf pour certaines carrières. Montrez moi d'impeccables traductions des auteurs grecs et latins, c'est un mythe. Les professeurs n'en font guère que de faibles et molles.

Il faut apprendre la vie que la science nous a faite et nous impose. Il faut que les universités enseignent tout, car il faut qu'elles préparent des hommes à l'existence. Il faut que l'instruction soit le programme de la vie.

Aujourd'hui on est dans le cercle vicieux des mots, on fait des bureaucrates, des écrivassiers, des pédants, pleins de petites idées, de petits orgueils implacables et jaloux bassement

Les peuples qui ne se donnent plus qu'aux arts périssent,

combien plus vite ceux qui ne se donnent qu'aux mots.

C'est qu'ils ne vivent plus la vie de l'homme. La vie des hommes, dans tous les temps, a été, est proportionnelle à la Méthode, à la science et à leurs applications.

L'éducation pratique que les universités donneraient, conjointement à l'éducation théorique, ouvrirait toutes les carrières et en donnerait le goût aux jeunes gens.

On comprend dès lors que les écoles spéciales ne peuvent remplacer la grande puissance pondérée que les Universités seules pourraient avoir.

L'éducation serait enlevée au personnalisme de l'Etat et des diverses Fois, pour être attribuée toute entière à la science. Voilà l'éducation de *l'ère de la science* qui est celle de la *Méthode science faite*.

Challemel Lacour sentait profondément tout cela quand il disait ; « Je ne puis comprendre qu'on n'ait pas réformé l'éducation depuis les ouvrages de Strada sur la Méthode».

Ces ouvrages ont paru il y près de quarante ans, ils ont été placés au premier rang des œuvres de notre temps par le rapport officiel des sciences philosophiques au XIXᵉ siècle, ils ont été pronés, défendus par nombre d'écrivains, de mérite, par le journal que Pezzani a créé pour les exposer et les défendre, ils ont été empruntés, par Fauvety et tant d'autres, j'en ai déjà nommé quelques uns. Ces ouvrages ont été le point de départ de toutes les innovations que l'on a proposées depuis en s'inspirant d'eux consciemment ou inconsciemment. La preuve en est encore dans *L'Ecole après l'école* dont Strada a donné l'idée a M. Edouard Petit, qui l'a fait adopter par M. Bourgeois ministre, et la met en pratique avec autant de zèle que de talent.

IV. — En résumé il est absurde de perdre six ou sept années de l'âge où s'éveillent l'esprit et le caractère, à apprendre deux langues mortes, à passer de thème en thème avec quelques entractes d'histoire et un si faible aperçu des sciences qu'il est inutile d'en parler. A la vie ! A la vie ! A la connaissance de l'homme et du monde ! Histoire, géographie, organisme des sociétés, antagonisme et ressemblance des peuples, nécessités de leur existence, leur idéal, leurs œuvres en prose et en poésie, leurs manœuvres, leurs habiletés, et les instructions nécessaires à ces connaissances. Tout cela soumis au grand enseignement de la méthode impersonnelle qui solidifie à la fois l'esprit et le caractère, les complète par les hautes lois de la morale et de la Religion de la science. Ajoutons enfin le cours complet des exercices du corps nécessaires pour faire des hommes.

Ce sont les faits de la vie, les lois de la vie. La Seine serait là devant l'université pour compléter les exercices corporels. Voilà ce qu'il faut apprendre à l'adolescence qui a la vie à accomplir et doit la faire belle et noble, par le travail et le dévouement jusqu'à la sublimité. Il faut que vous fassiez non des ergoteurs adroits, mais des cœurs magnanimes, de droits esprits et des hommes d'action. Soyez sûr qu'avec ce fond nos Français seront de sublimes hommes de pensée, et non les phraseurs de romans et de coups de mots précieux et prétentieux.

C'est dans ce but que j'ai composé tous mes ouvrages de science et de littérature, l'*Ultimum Organum* la *Méthode générale* le *Catéchisme méthodique*, *la loi de l'Histoire*, la *Pensée humaine*, le *Bible du Bien et du Mal*, la *Religion de la Science*, l'*Epopée* où toutes les causes premières des actes humains et de la marche fatale des sociétés et des passions sont peintes jusqu'à nos jours. On voit qu'il y a longtemps que j'ai résolu et prouvé par mes œuvres cette question de la Réforme de l'instruction.

CHAPITRE IV

LE MUSÉUM DES SCIENCES

Le Muséum doit être à la science, ce que le Louvre est à l'art, plus encore, car il doit être à la fois collection et éducation.

Nous agrandissons le palais de l'art de tout l'ancien palais des Rois, nous voudrions qu'on agrandît le Palais de la science et qu'on unît le Muséum à l'école Polytechnique à la Sorbonne et au collège de France, par l'Université, et les voies nécessaires.

Si respectable que soit un entrepôt des vins il ne peut l'être plus que le sublime entrepôt des connaissances humaines. D'ailleurs il est mieux à sa place à Bercy où se trouve le mouvement spécial des affaires de cet ordre. La Halle aux vins n'est guère qu'un lieu de dépôt fort encombrant.

Nous avons dit que la destruction des Tuileries doit être acceptée à la double condition qu'on construira à leur place une galerie type de tableaux et de sculptures ; qu'on réédifiera le palais de Philibert de Lorme avec des annexes au muséum où il sera consacré aux cours spéciaux des sciences naturelles, car il fera partie de l'Université.

Le palais des Rois devenant celui des sciences après avoir été le palais de la liberté, n'est-ce pas la belle ascension des progrès modernes.

Les Allemands en bombardant le muséum ont montré que nous devions l'agrandir. Ils ont voulu tuer la vie intellectuelle et scientifique chez nous ; ils ont fait voir par là que c'est sur ce terrain qu'ils nous redoutent. Le vénéré Chevreul a donné les preuves de cet attentat contre la civilisation.

Nous avons à faire pour égaler les installations scientifiques des autres peuples. Nous possédons les hommes de génies, qui, à force de tenacité, se forment, malgré l'insuffisance du matériel ; que sera ce quand nous aurons tout l'appareil nécessaire qui attire, encourage les esprits. Tout semble fait à moitié chez nous. Le Génie physiologique de ce siècle Claude Bernard m'a cent fois exprimé sa douleur pour ce qui touchait à sa science, du coupable abandon de l'Etat. Nous tous qui avons les mêmes convictions à cet égard, et qui voyons l'ensemble, nous devons redoubler d'efforts pour doter les sciences des établissements nécessaires.

La Halle aux vins serait très bien préparée avec ses immenses souterrains pour toutes les expériences que nécessitent les sciences naturelles. C'est merveille de voir les laboratoires allemands. N'était-il pas douloureux de se trouver dans cette pauvre petite officine de la physiologie au Jardin des Plantes, au collège de France ; progrès pourtant qui sembla considérable sous l'empire. Qu'étaient hier encore nos musées d'anthropologie, d'anatomie comparée ? Des salles qui branlent, menacent de s'écrouler sous la foule ; car on ne saurait dire le nombre des curieux de toutes classes qui se pressent dans ces collections de la science. C'est une grande leçon aux gouvernants que cet appel silencieux des foules.

Le Muséum, la Sorbonne, le collège de France l'école Polytechnique, etc. devraient donc être unis et aménagés pour être l'Université libre, universelle, qui remplacerait toutes les écoles spéciales, donnerait une éducation à l'abri de tout esprit de coterie, et serait vraiment nationale, vraiment méthodique, scientifique, équilibrée, imprégnant tous les esprits de la généralité du savoir.

Il faudrait que toutes les installations y fussent aussi complètes que possible, sans lésinerie, et en avant de toutes les autres nations. La France par une contradiction prodigieuse devance les peuples dans l'idéal et les principes, elle reste en arrière par la pratique, Sa puissance logique lui fait d'un coup bondir au dernier terme et son incurie pratique la retarde. Les Vénitiens, les Portugais, les Espagnols, les Anglais, les Hollandais, étaient à la Chine, quand la France se décida à y aller. C'est partout la même histoire. L'Angleterre avait à l'heure ou j'ai écrit ces lignes 25 observatoires libres, l'Amérique 15, l'Allemagne 10, la Belgique, l'Italie 5, la France pas un. Depuis elle en a acquis un, mais les autres peuples ont considérablement augmenté le nombre des leurs. Ce sont des hontes, ce sont des dangers! Que cet axiome soit toujours devant tes yeux, ma France : qui ne marche pas à la tête de la science sera écrasé dans le monde de l'avenir. Le roi Louis-Philippe platement disait « La France ne peut-être un état de premier ordre, contentons nous d'en faire le premier état de second ordre.» ce mot est un lâche programme. La France mère de l'idéal moderne doit être à la tête de la science et des nations et doit entrainer le monde à l'unité par la science organisant la Fédération internationaliste et la paix.

Tout est à refaire au Muséun où tout semble en retard d'un siècle. On s'attend a voir sortir Buffon et non Berthelot de tous ces petits monuments d'un autre âge, ce qu'on fait est incomplet. Professeurs, collections, animaux, semblent enfermés dans un Jardin des Plantes oublié de la province. Depuis que j'ai écris ces lignes, de nouveaux musées ont été ouverts, admirables par de beaux aménagements intérieurs, mais les monuments n'ont pas une beauté assez noble et sont encore insuffisants. Le Muséum doit être nécessairement agrandi, constructions et parc. Les simples jardins d'acclimatations étrangers dépassent les installations du Muséum national de France. Dans une ville secondaire comme Anvers, les oiseaux ont un palais ; à Paris, c'est une cage puante, malgré l'installation incomplète et sans beauté qu'on y a ajoutée. Le jardin n'a pas gagné aux constructions nouvelles. Autrefois on a beaucoup crié contre ce luxe prétendu, le palais des singes, bien modeste pourtant et qu'on devrait entourer de gradins, dans le genre des théâtres antiques au lieu de cette pente glissante et brutale.

Les animaux vivants sont collections et collections pleine de l'attrait de la vie. Elles instruisent les artistes, passionnent le public, et ont droit au nom de la science, de la morale, à un traitement humain. J'ai eu déjà occasion d'émettre cette pensée, que la morale commande et, qui agrandit l'idée de la société protectrice des animaux. J'attirais l'attention sur la mortalité étonnante des bêtes féroces au Jardin des Plantes. Après 1871, en quelques années, j'observai que 5 ou 6 tigres, 7 ou 8 lions superbes de force y ont rapidement péri. Cela a continué sans doute, car actuellement les animaux féroces sont peu nombreux. Les bêtes des dompteurs vivent de longues années soumises aux vicissitudes de la vie nomade. Elles ont une admirable plénitude de vie. Au Muséum y a-t-il manque de soins ? brutalité ? mauvaise nourriture ? local malsain ? une enquête me semble nécessaire. Je n'accuse pas, je demande. Les animaux féroces du Jardin des Plantes ont je ne sais quoi d'étiolé en général. On devrait les placer dans des monuments de haut goût où l'architecture en fer pourrait jouer un grand rôle. Ces édifices bien aérés, bien chauffés, bien en vue, seraient vastes pour adoucir les rigueurs de la captivité de ces animaux, fort sensibles aux bons et aux mauvais traitements. Je tremble qu'on ne le croie pas assez en France, et que la manière de mener militairement des brutes ne les jette dans le désespoir. On a l'exemple des anciens et de leurs fauves apprivoisés. Voyez ce qu'en font les Indous. Les tigres deviennent des chiens dressés.

On devrait chercher par tous les moyens à attirer la foule au Muséum. C'est facile car elle s'y porte d'elle même par curiosité. Le Jardin des Plantes est un lieu d'instruction pour tous les promeneurs ; un de ces enfants que les parents traînent au milieu des collections peut être un des génies de la découverte. La vue de ces merveilles peut lui révéler sa vocation sublime. Il faut pousser partout, toujours, à l'attrait de la science, comme les cultes ont toujours poussé par tous les moyens à l'attrait de leur foi. C'est un devoir. Ce jardin agrandi doit devenir le Parc Monceau, le Bois de Boulogne de ce quartier déshérité. Il faudrait les jours de fête y organiser des concerts comme aux Jardins d'Acclimatation, des Tuileries.

L'a-t-on fait depuis que j'ai écrit ces lignes ?

De belles constructions, vastes, où l'éléphant, le tigre, le lion, l'ours, les oiseaux, agiraient comme en liberté seraient un attrait nouveau.

Le palais de Philibert de Lorme serait reconstruit sur le haut de la partie de l'entrepôt des vins unie au Muséum, agrandi par derrière et montant la colline. Ce palais serait d'un très excellent effet. Les cours, les collections reconstituées dans des amphitéâtres d'aménagement parfait, dans des galeries bien entendues, seraient à deux pas du collège de France et de la Sorbonne par les voies de l'université, celle des écoles et le Boulevard St-Germain. Ce serait bien l'unité de l'Université libre et nationale.

J'appuie sur ce mot : Le Muséum est non seulement l'instruction pour les jeunes gens de l'Université, mais encore pour tout le public ignorant. Les parties occupées par les plantes le rapetissent, il faudrait reporter sur des endroits moins en vue ces carrières de culture. Dans le vaste jardin on pourrait organiser artificiellement un spécimen des contrées boréales, équatoriales et tempérées. La foule s'y empresserait, surtout si l'on y voyait les animaux vivants qui les habitent.

CHAPITRE   V

LA SORBONNE, LE COLLÈGE DE FRANCE

LE PANTHÉON

Donc l'université nationale aurait une aile au Muséum et l'autre à la sorbonne, au Collège de France. Dans le parcours elle absorberait l'Ecole Polytechnique, dont l'orgueil puéril et malsain ne vit que de lui même.

L'université aurait les cours supérieurs complets des sciences et des lettres.

La science ne peut être que laïque ; car elle est la négation de tous les dogmes, qui lui semblent tout au plus des hypothèses. Donc les établissements d'éducation nationale, ne peuvent admettre de facultés de théologie quelconques. On les remplacerait par un cours de science de la morale et de la religion de la science, car la religion nait de la science, ou elle n'est qu'un dogme sans valeur, autant dire qu'elle n'est pas. (*Voir modification dans l'éducation*).

Comme je le demandais quand j'ai écrit ces pages, la Sorbonne est enfin réunie au Collège de France en une masse déjà belle. Cependant le Collège de France reste un monument plat. Pour être juste on devrait lui donner le caractère de l'époque où il a été fondé, le style de la renaissance. Il serait en bel accord avec Cluny en face. On peut lui oter son jardinet qui serait occupé par un palais suivant la Sorbonne. Il faudrait pouvoirs s'y souvenir d'Abeylar, de Rabelais, on ne s'y souvient que de Richelieu ; c'est trop peu. Ingratitude coupable et qui nous rapetisse. Il faut en un mot à ces deux monuments un air d'histoire qui marque la longue persévérance de la haute pensée dans notre pays. C'est un contre sens que de mettre là un style moderne, comme si la méditation n'était née chez nous que d'hier. Il faut que le caractère du monument inspire le respect pour la suite de nos profonds penseurs. On placerait les statues d'Abeylar, de Meung, Rabelais, Montaigne, Pascal, Descartes et celles de tout les donneurs de critériums depuis le commencement du monde.

L'ancienne architecture française présente de très beaux modèles. C'est une des gloires de la France d'avoir donné à la pierre un caractère réfléchi. L'architecture grecque est sereine, la Romaine forte et concentrée, notre gothique est élevée et touchante, l'Italienne ouverte et magnifique, la Française est grave et pensante. La façade des cariatides dans la cour du Louvre, celle de la galerie d'Apollon, celle du bord de l'eau ont ce caractère et sont typiques. La façade du bord de l'eau avec les statues des grands penseurs serait celle dont on pourrait s'inspirer dans tous les monuments d'étude et de réflexion.

Les aménagements nécessaire à tous les développements des sciences doivent être organisés dans ces édifices comme les collections du Muséum agrandi.

Le Panthéon se trouverait englobé dans l'université. On y ferait aux étudiants des conférences hebdomadaires au moins, sur tous les grands hommes, les bienfaiteurs de l'humanité. Puissante et noble émulation pour les jeunes gens, qui sont dans l'âge où l'on prend tout par le cœur. Un moment d'enthousiasme pourrait suffire pour décider des carrières, des vies de travail et de dévouement. Il est nécessaire d'enseigner les sciences, mais il ne l'est pas moins d'enseigner la haute moralité, les abnégations sublimes des hommes de génie ou de talent. Presque tous ceux qui ont été des génies ont eu les grandeurs de la souffrance.

On pourrait faire du Panthéon un autre temple de la Religion de la science ; mais je crois qu'il serait meilleur de le laisser à sa destination vraie : *Aux grands hommes la Patrie reconnaissante.* Il convient qu'on se sente chez un peuple touché des efforts de ses enfants. La France, le pays du cœur, doit donner cet exemple. Ce monument est à sa place dans l'université.

Il serait juste aussi d'élever un *Temple de la religion de la science* dans le sein de l'université. Si l'on veut abandonner à Strada un emplacement sur le quai à la Halle aux vins, il se charge de bâtir et décorer ce temple. La religion devient une science, puisqu'elle naît de l'essence de la Méthode et des sciences faites. L'Université serait décapitée n'ayant pas cette science maîtresse, cette clef de la science, comme l'appelle notre idéal national. L'Université ne peut être athée ; elle ne peut être fidéiste ; il est donc nécessaire et logique que la Religion de la science y élève les âmes et les cœurs comme l'instruction y grandit les esprits. Je prie qu'on médite cette proposition sans laquelle, on doit le dire, l'instruction reste sans tête. Il faut que l'homme sente le principe supérieur à sa raison, à sa conscience, et qui est absolu nécessairement, puisque toute loi de science a ce caractère indélébile.

Ainsi en résumé :

Une large voie en pente douce irait de Saint-Etienne du Mont isolé, retrouver le bas de l'Ecole Polytechnique et aboutirait à la partie de l'Université qui serait sur la Halle aux vins et les environs. Cette voie large, vivante, refondrait tout ce vieux Paris qui n'est bon qu'à abattre. Elle jetterait la vie aussi bien au Panthéon que dans la grande Université dont elle serait avec la rue des Ecoles une des artères maîtresses, car on devrait lui en créer d'autres.

Par là se trouveraient liées à l'Université, le Collège de France, la Sorbonne d'un côté, de l'autre l'École de Droit, la

Bibliothèque. L'unité de l'Université se comprend dès lors sans peine. Elle se trouve déjà presque toute faite, on peut le dire.

Tous les cours seraient publics à tous, comme aujourd'hui à la Sorbonne et au Collège de France. Aurait-on besoin d'inscription pour suivre ces cours ? Non. Il n'y aurait point nécessité. Les étrangers à l'Université n'y apportent pas le trouble. Cependant on pourrait demander l'inscription pour pouvoir passer les examens.

CHAPITRE VI

BIBLIOTHÈQUES

La ville soleil, Paris, doit tenir ouvertes toutes les richesses de la pensée. Les bibliothèques sont le complément de l'Université nationale. Les musées d'art, de sciences sont publics, les bibliothèques doivent jouir de libertés analogues, autant du moins que la sécurité des volumes est respectée.

Toute mesure prise par les conservateurs de ces établissements doit être dominée par cette maxime inspiratrice : Paris est le rayonnement de la pensée.

Dans mon adolescence, à Rome, (la Rome des Papes) je demandai la méthode de Descartes à la bibliothèque. Dès cet instant je fus, quoique étranger, un suspect. Nom, adresse, occupations, il fallut tout décliner, comme un conspirateur actif et dangereux que je ne pouvais être à cet âge. Croirait-on qu'à la Bibliothèque de Paris, on ne se contente pas de ces indications, et qu'il faut, pour y travailler adresser une demande par écrit. Formalités exagérées, vexatoires, vraiment d'une autre époque. Acceptons pourtant de telles mesures de prudence.

Comme monument la Bibliothèque Nationale a de la grandeur dans les proportions ; elle a de la dignité, c'est déjà de la beauté.

Que le cardinal ait cru devoir lui donner son chapeau

pour décoration significative, on le conçoit, mais qu'on ait reproduit cette puérilité, on ne le comprend plus.

Il faut une façade plus riche, plus pensive, plus communicative. Elles parlent les niches pleines des statues des philosophes, des écrivains, des savants. Ce beau style du vieux Louvre dont j'ai parlé est encore mieux fait pour une bibliothèque que pour un palais de Rois. Il a l'intimité, le recueillement, la pénétration et pourtant l'ouverture et le rayonnement. Profondément français on ne trouve rien qui convienne mieux aux établissements destinés à la réflexion et à l'étude.

On achève la bibliothèque du côté de la rue Vivienne ; sera-t-elle dans cette noble donnée ? Je le souhaite. On ne pouvait éterniser l'imprudence contre laquelle je me suis si souvent, si longtemps élevé, d'accoler des habitations, des magasins, aux Bibliothèques, ces monuments précieux entre tous. On ne peut laisser les riches dépôts intellectuels du monde à la merci des épuisements d'un garçon de course qui s'endort sans éteindre sa lanterne. Quelle responsabilité ont assumée les gouvernements dont l'incurie a laissé subsister durant des siècles cet état de choses. Il y a plus ; de tels monuments devraient être entourés de larges boulevards par crainte d'incendies voisins. Le rayonnement d'un vaste feu suffit pour détruire les tableaux et mêmes les livres.

La Bibliothèque Sainte-Geneviève est un monument à refaire, sinon l'intérieur, au moins la façade. Un promenoir de hautes colonnes devant cette muraille presque burlesque suffirait sans doute à la cacher. Il serait très hospitalier et bien en place devant une bibliothèque. (*Voir Panthéon*).

Dans les bibliothèques bien entendues, dans les laboratoires de sciences, dans tous les lieux de travail, le jour ne doit venir ni en face, ni de trop haut. Il faut l'étudier avec soin. Il ne semble pas qu'on s'en soit préoccupé suffisamment. Règle : Assembler le plus de lumière possible, sans chocs pour les yeux.

CHAPITRE VIII

MODIFICATIONS DANS L'INSTRUCTION

I. — Toute pratique dérive de principes dont elle n'est que la conséquence. Il faut donc se pénétrer profondément des vrais, des salutaires principes, les seuls sauveurs.

On répète dans tous les camps : l'Etat est athée. On en fait un blâme ou une vertu.

C'est un enfantillage. L'Etat devrait être impersonnel vis-à-vis de ses subordonnés, s'il reste personnel vis-à-vis de l'étranger. Mais il n'en est pas ainsi : En pratique toujours l'Etat est personnel. Il n'y a de vrai impersonnel que la science. L'homme n'est impersonnel que par elle, et par le devouement ; tous deux oublis du moi.

L'Etat, malheureusement est un être moral et réel qui a ses intérêts et les met au dessus de tout. Il est toujours en suspicion et en défense.

Partout, l'Etat ne devrait être que l'inspiré de la science, mais il ne voit que son désir de pouvoir.

Delà des conséquences nécessaires : *Tout par la science, est le mot final.*

Cependant on doit tenir compte dans la pratique de cette fatale vérité : l'on ne peut agir qu'autant que le permet le degré de science où l'on est parvenu. Mais cette restriction pratique posée, le principe reste intact comme idéal à poursuivre.

Dans la question de l'instruction, l'état ne peut, ne doit vouloir que ce qui est science. Tout ce qui est théorie personnelle, sectaire, ne devrait pas exister pour lui. Les théories religieuses ne sont (de leur propre affirmation) que de *foi* et non de *science*. Elles ne peuvent donc jamais devenir une partie de l'enseignement. A cet égard les individus sont libres sans doute et l'Etat doit s'abstenir, mais lui ne doit voir, ne doit agir que par la science.

C'est sur ces vérités que nous nous appuyons pour dire que la religion de la science doit être la seule reconnue par l'Etat ; et pour affirmer que les facultés de théologie doivent être retranchées de l'enseignement de l'Etat. Il n'a point à s'en occuper, à moins qu'elles ne deviennent un danger par leurs empiètements. Le résultat pratique est que l'instruction doit être en dehors de toutes les églises, uniquement scientifique, laïque !

II. — D'un autre côté, l'homme nait esprit et corps. Le père, l'Etat, doivent donc développer leurs fils pour donner des hommes à la Patrie. Ne développer que le corps c'est créer des brutes et non des humains. Donc, le père, l'Etat, doivent aux enfants, aux jeunes gens, le développement intellectuel, physique et moral. De là cet axiome : L'instruction est obligatoire. Elle sera physique par les exercices, intellectuelle par la science et l'art, morale par la religion de la science.

Le père n'a pas toujours le moyen de développer ses enfants. Alors l'Etat intervient par intérêt et par devoir ; par devoir, car il doit à ses membres ; par intérêt, car il lui importe dans la grande bataille intellectuelle et corporelle des peuples, de se créer des hommes, non seulement vigoureux, mais de forte instruction et de haute moralité. Sans cette triple qualité, tout pays, malgré ses succès, se prépare une décadence.

L'éducation est donc gratuite au nom de l'intérêt public pour tous les pauvres.

On ne peut se soustraire à ces vérités qui se tiennent. Et

il en résulte pratiquement que l'Etat doit exiger de tous une éducation nationale qui place les hommes au point de vue supérieur de la *Méthode* et de la *science*. Donc l'éducation est laïque. C'est celle que peuvent donner les Universités de Paris et des diocèses.

Dans ces questions Paris marche comme la France. Si la révolution intellectuelle date d'Abeylar, la révolution politique de Marcel, la révolte des paysans daté du même temps à peu près. C'étaient les prodrômes lointains de la Révolution Française. La guerre aux châteaux à précédé la prise de la Bastille. Paris est donc bien plus la représentation de la France qu'il n'en est l'entraineur tyrannique, comme le penseraient les hommes terrifiés de sa grandeur. La France est bien une. Que ce soit toujours la pensée de son cœur.

III. — Ce n'est pas assez.

L'instruction laïque, obligatoire, gratuite, doit être morale ; c'est-à-dire que la morale doit y être obligatoirement enseignée partout, à tous les degrés des cours, proportionnellement au développement des élèves : qui dit morale dit religion ; car une religion seule contient tous les devoirs des hommes. Donc il faut qu'on y enseigne la *Religion de la science*, comme je l'ai dit.

La morale n'est pas une croyance, elle est une science. Elle a pour principes les lois scientifiques de la Méthode et de la religion de la science. Il importe que l'opinion publique soit à la hauteur de la science morale constituée et que chacun des membres de la société s'en imprègne dès le plus bas âge, sinon l'État n'est qu'un incapable ; il n'est plus qu'un représentant des incertitudes et des faussetés des diverses *Fois* et du *moi*.

L'instruction doit donc être une, dominée, éclairée, conduite par la *Science de la Méthode, qui enseigne à l'enfant, à l'adolescent, à l'homme, quel est le vrai, le seul juge infaillible, c'est-à-dire le directeur, le Critérium absolu qui rend la pensée humaine certaine.* Elle les met en garde contre tous les prétendus juges infaillibles, leur apprend qu'ils ne sont pas eux même le juge infaillible. Le juge infaillible ne se trouve que dans la science faite.

Ainsi l'instruction doit être laïque, obligatoire, gratuite, morale, méthodique.

La liberté n'a de salut que dans la méthode impersonnelle. Eh ne savez-vous pas qu'elle a besoin de dévouement et que l'égoïsme la tue.

Jamais le rationalisme ne pourra supporter la liberté. Il faut les règles de la Méthode qui rendent l'esprit et le caractère impersonnels. Le rationalisme peut créer la liberté, il ne pourra pas l'ordonner, jamais.

Toujours le rationalisme engendre l'égoïsme chez l'individu et le poussera à son dernier terme. Dès lors, l'intelligence, la moralité des hommes se fausseront et l'on verra les épouvantables marchandages des consciences, déshonorants pour l'acheteur comme pour le vendu ; on verra les vols, les dols, les escroqueries sous prétexte de service et d'amitié se glisser partout ; on verra les traitres à l'amitié, à l'amour, à la patrie vendre leur pays et leurs amis aux États voisins ; on verra en un mot la décadence morale absolue suivre la décadence intellectuelle, qui ne cherche plus que les mensonges accumulés pour cacher ses hontes morales et tromper les hommes.

Quand un État rationaliste en est là, c'est le commencement de la fin. On voit des gens bien intentionnés qui veulent mâter ces horreurs. Mais ils ne se doutent pas qu'ils sont sur le chemin d'une dictature qui bientôt viendra abuser de tous les pouvoirs qu'elle aura acquis.

D'un autre côté pour s'opposer à tout ordre, les coquins cherchent la dictature de l'exploitation par les finances, ou par les dogmes qui font les esclaves, ou par les soldats qui font les ilotes.

En un mot, à la fin de toute ère rationaliste, l'aspiration à la dictature est dans tous les partis, pour les rois, les empereurs, les cultes, les tripoteurs, les vicieux, les systématiques de toutes sortes, qui naissent de l'exaltation des *Mois*, et se croient tout permis. Le rationalisme à son dernier terme c'est l'homme Dieu.

Ces mots qu'on retrouvera dans tous mes ouvrages, sous d'autres formes, semblent prophétiques, quand on regarde ce qui se passe autour de nous. Oui, nous en sommes là ! Tremblons et reprenons nos vertus !

CHAPITRE VIII

LA BASE DE L'ÉDUCATION
ET DE L'INSTRUCTION

L'instruction n'avait que trois degrés. J'ai été ass·z heureux pour lui en faire donner quatre par l'idée de *l'école après l'école*.

L'instruction a donc quatre degrés nécessaires.

J'ai conçu il y a plus de quarante ans et présenté au public trois ouvrages qui sont les bases nécessaires de l'instruction de tous les hommes, dans toutes les classes et à tous les degrés.

L'instruction varie toujours chez les peuples avec la conception de la Méthode et du Critérium.

En effet la base de l'instruction et de l'éducation est et a toujours été dans tous les temps, l'œuvre d'un méthodiste inconscient ou conscient. Donner le mode de penser, de vivre, a été l'œuvre de penseurs religieux ou laïques dont la parole est restée le critérium organisateur et conducteur des individus et des sociétés. Je l'ai prouvé par la *Loi de l'Histoire*, par *l'Histoire* et par *l'Épopée humaine, par mes trois ouvrages sur la Méthode*.

J'ai donné *l'ultimum organum* pour base à *l'instrution supérieure*, qui se perd aujourd'hui dans des méthodes

incomplètes et trompeuses, les quelles faussent les esprits,
les cœurs, et menacent de nouveau de faire avorter la liberté
sous les guerres des critériums des religions ou des matérialistes, des à-priori. Depuis que j'ai écrit ces lignes, la prédiction s'est réalisée. Nous sommes en pleine bataille des
Fois et des raisons personnelles.

J'ai donné la *Méthode générale* pour l'instruction secondaire des lycées et de *l'école après l'école.* J'ai développé
cette conception de *l'école après l'école* il y à déjà neuf ans
à M. Edouard Petit, qui aujourd'hui la met en pratique avec
zèle et talent après en avoir fait accepter le principe par M.
Bourgeois, alors ministre. Je suis très reconnaissant à tous
les deux ; mais ils feront une œuvre incomplète, dangereuse
même, s'il ne mettent pas à la base de l'organisation de
l'école après l'école, l'enseignement de la *méthode impersonnelle,* qui SEULE peut assagir, ordonner les esprits, et,
par eux, les sociétés. *L'école après l'école* n'engendrera,
avec les errements habituels, que de prétendus lettrés, que
des générations de bavards superficiels et vaniteux ; grand
péril ajouté à ceux qui nous pressent de toutes parts.

*Je demande donc hautement à tous les ministres de
l'instruction publique de faire enseigner la* MÉTHODE IM
PERSONNELLE *dans les quatre degré de l'instruction.*

J'ai en effet à cette même époque, il y a 38 ans composé le
Catéchisme méthodique pour l'école primaire. J'ai pensé
que jusqu'ici il était inutile de le faire paraître, mais je vais
le tirer de son armoire et le publier.

Ainsi l'impersonnalité deviendra la base de l'instruction.
Cette haute habitude d'esprit se retrouvera partout dans la
vie, malgré les vices des individus ou des collectivités ; et peu
à peu la pensée plus indépendante du *moi,* des *Fois,* et de
leurs préjugés de toutes sortes, pourra organiser un état social supérieur à ceux du passé. L'ordre solide pourra être le
compagnon de la liberté.

CHAPITRE IX

INSTRUCTION PRIMAIRE

I. — Le but de l'instruction primaire est de créer des citoyens et des travailleurs. Elle doit donc être générale et professionnelle. Elle doit surtout imprimer une marche droite à l'esprit. Elle doit donc avant tout donner la droite méthode, selon les principes qui viennent d'être posés.

L'instruction primaire ainsi ordonnée sera supérieure à celle du passé. Elle n'apportera à l'homme aucun préjugé dangereux. Aujourd'hui elle est aux mains des Rois qui imposent des idées fausses, et dans les esprits ignorants surtout engendrent de dangereuses opinions, une morale fausse périlleuse pour les individus, les familles et la nation. Les peuples meurent des cagoteries de leurs cultes, aussi bien dans notre Europe que dans la Chine ou dans l'Inde. L'instruction de la religion de la science et de la morale est donc la sauvegarde des peuples. Ces considérations pourront faire réfléchir les esprits politiques aussi bien que les amants de la vérité. Voyez la malheureuse Espagne.

L'instruction primaire ne doit donc pas se borner aux éléments habituels. Elle doit avant tout donner un cours de science de morale, un cours de science de la méthode, un cours des éléments religieux de la science. Ce sont là les trois directrices des esprits et des caractères. Ces cours fort simples et élémentaires sont d'une importance si capitale, que, si on les omettait on n'obtiendrait jamais de satisfaisants résultats de l'éducation primaire qui laissera tout en l'air au gré des instincts. Dans l'Inde presque tout le monde sait lire et écrire, ce n'est rien. La grande question c'est la direction de l'instruction et de la pensée.

II. — Quand on est arrivé à l'éducation professionnelle les cours de méthode, de morale et de religion de la science doivent se continuer en se développant et ainsi de suite à tous les degrés de l'éducation.

III. — Autrefois les longs stages des compagnons, les difficultés pour passer maîtres assuraient aux ouvriers une conduite d'enfants de familles, et un talent complet. L'industrie prenait par là une sévérité qui la rendait artistique. Ceux qui connaissent les curiosités savent quelle était la perfection des vieux meubles, leur solidité. Dans les inondations le vieux Pont Neuf résiste quand on tremble pour les nouveaux.

L'ouvrier émancipé de ces vieilles entraves moralisatrices si elles étaient tyraniques parfois, se contente aujourd'hui trop facilement. Son travail est léger comme son caractère. Voyez les bijoux anciens et ceux de nos jours ; voyez un masque chinois ou japonnais et les masques européens C'est dans ces misères qu'on s'aperçoit vite si le travail est consciencieux ou léger. Les merveilles d'art industriel du Japon et de la Chine font pâlir les pièces analogues Européennes. Comparez les châles et les tapis, les gazes de l'Inde et de l'Orient, avec les notres qui sont les meilleurs de l'Europe ; nous sommes inférieurs.

Un grand progrès, un retour à la gravité du caractère et du travail sont nécessaires. Il faut donc pour notre nation que l'éducation professionnelle ait un sérieux particulier. Paris surtout qui exporte tant d'objets d'industrie artistique doit y songer gravement. Voilà les Japonnais, les Indiens, les Chinois, lâchés sur le monde. Leur perfection industrielle ruinerait les petits métiers Européens et parisiens, s'y l'on n'y veille. Ils produisent à meilleur marché que nous, ils font mieux, ils sont plus nombreux. Le libre échange force a des progrès inconnus.

Il faut donc se hâter de remplacer les anciens errements tyraniques mais fructueux, par une éducation spéciale du goût, c'est-à-dire par l'enseignement de la science du beau, et par la conscience morale dans le travail.

IV. — Ce qu'on appelle si improprement le goût, tout le monde croit le posséder de naissance et sans le chercher. Mais le goût est une science, celle des rapports constitutifs de la beauté. Le beau n'est pas en nous comme le disent les rationalistes infatués d'eux-mêmes qui se déclarent les juges infaillibles. Ce sont là des conséquences de la Méthode évidendiste, cartésienne. Notre esprit ne tire pas plus de lui-même le beau, qu'il n'en tire la science et la vérité. Il puise tout sans exception dans les *Faits* c'est-à-dire dans les rapports des choses qu'il pénètre, s'assimile, utilise avec plus ou moins de soins, d'attention, d'intelligence, de persévérance pour des œuvres nouvelles.

Pourquoi veut-on que le beau ne rentre pas dans la loi universelle du connaître, qui consiste à puiser dans l'immensité des rapports de réalité, de vérité, de beauté. Toutes ces théories qu'ici j'indique d'un mot sont longuement pénétrées dans mes ouvrages spéciaux.

Le goût s'apprendra donc. Il faut faire des artistes de chaque corps de métier. Tous doivent savoir dessiner comme on sait lire et écrire. Il faut donc enseigner le dessin a tous les enfants. Il faut que des cours d'esthétique pratique et appropriée soient faits dans l'école, dans des promenades explicatives, aux musées des originaux du Louvre, des copies des beaux-arts, des curiosités de Cluny, aux très belles et très instructives reproductions du Trocadéro (que nous placerions à l'école des beaux-arts) dans toutes les collections industrielles et artistiques. Le dimanche, le jeudi, on organiserait ces promenades d'instruction qui seraient un plaisir. On donnerait aux élèves la permission de dessiner partout.

Mais j'y appuie, il faut avant tout la haute direction Méthodique, Morale et Religieuse à la fois par la science, car le talent se parfait par le caractère. Cette direction se trouve dans la science de la Méthode (*Ultimum Organum*), dans la science de la morale (*Bible du bien et du mal*) dans la Religion (*Religion de la science et de l'Esprit pur*).

Ces enseignements sont résumés pour l'enfance dans le *petit catéchisme méthodique*, que les professeurs développeront dans leurs instructions.

Telle est la base profonde de l'éducation primaire, qui étant l'éducation de presque tous, a une importance capitale. La méthode apprend à penser et à se conduire avec ordre ; La morale apprend la bonté, la justice et le dévouement ; la Religion de la Science apprend l'élévation vers les lois absolues, c'est-à-dire divines. Elle nous prouve que nous n'avons raison que par les lois de la science, qui étant la certitude sont par conséquent les lois même de Dieu. Nous ne devons donc penser que par les lois de la science ; et comme elles sont les lois de Dieu c'est penser par Dieu. De là une élévation nouvelle, inconnue encore à toute l'humanité du passé et du présent. C'est l'avenir qui s'ouvre, Il sera plus beau pour les hommes, que ce qui nous a précédés et ce que nous voyons. Il faut regarder l'Avenir pour améliorer le présent avec courage.

CHAPITRE X

INSTRUCTION SECONDAIRE
L'ÉCOLE APRÈS L'ÉCOLE ET LES LYCÉES

1. — L'Instruction secondaire actuelle est une longue
perte de temps. Pour les deux tiers des hommes on peut
presque retrancher cette époque de leur vie. Il n'y a guère
que quelques élèves forts qui profitent de l'étude du latin et
du grec. Le reste les ignore toujours.

Si le but de l'instruction primaire est de faire des citoyens
et des travailleurs, le but de l'instruction secondaire est de
faire des hommes instruits et des travailleurs encore pour
remplir les mille fonctions de la vie. Or on n'y apprend rien
de la vie. Tout est consacré aux mots de deux langues, anciennes ; Oui aux mots, pas même aux lettres antiques qu'on
ne vous enseigne pas, et qui d'ailleurs ne servent que dans
les carrières littéraires ou savantes. On oublie vite le peu qu'on
a effleuré. Ne s'en souviennent que ceux dont les occupations
l'exigent. Ils sont très rares, même parmi les plus instruits.

C'est par le fond qu'il faut modifier cette phase de l'instruction.

L'homme, l'animal même ne pourraient pas vivre s'ils ne
savaient déjà beaucoup des rapports des choses. Le sauvage,
l'enfant, l'ignorant, en connaissent un grand nombre par

expérience vitale. Ils voient même un ambryon des sciences. Ils ont, et l'animal comme eux, un sentiment plus ou moins précis des nombres. Ils savent qu'un troupeau, une armée, ne sont pas un seul être. Ils apprécient le nombre.

Un indice est là. La base naturelle et vraiment vitale de toute éducation masculine ou féminine, doit-être les sciences naturelles. Elles parlent aux yeux de l'enfant, excitent sa curiosité par l'image et la machine.

De plus elles apprennent à raisonner par des faits qu'il faut tout d'abord *rendre certains*, ce qui est la bonne école de raisonnement.

Les mathématiques, sciences de pures formes, ne sont que la mesure du fini, et n'atteignent jamais l'Infini quoiqu'on dise, mais l'indéfini. Elles raisonnent toujours sur des faits certains de soi, ce qui donne une tendance à supposer à priori tous les faits déduits comme certains. Facilement cela fausse les esprits. Placer les méthodes mathématiques à la base de l'éducation est le plus dangereux des contresens. Elles doivent être le complément. Je distribuerais donc les sciences dans cet ordre :

MÉTHODE IMPERSONNELLE			
Sciences naturelles	Géologie, botanique, antropologie, astronomie, physique, chimie, physiologie.		Mathématiques nécessaires
Lettres	Traduction des littératures anciennes. Langues et littératures modernes nécessaires à la vie.		Mathématiques proportionnelles
Philosophie	Histoire des systèmes.	Science de la Méthode	Mathématiques nécessaires
	Histoire des Religions	Science de la morale — Science de la religion	

Méthode Morale et Religion — Cours de méthode de morale et de religion de la science proportionnels à tous les degrés de l'éducation.

II. — Les lycées et *l'école après l'école* sont placés sur le même rang, pour l'étude de la Méthode. Il n'y a qu'une différence de degrés.

Comme on ne lit pas toujours tout dans une œuvre, je rappelle que j'ai fait ces trois livres sur la Méthode correspondant aux quatres phases de développement de l'esprit humain.

1° *Le Catéchisme méthodique* pour les écoles primaires.

2° La *Méthode générale* pour les Lycées et pour *l'école après l'école*, dont j'ai donné l'idée et le nom à M. Edouard Petit, qui les a fait adopter par M. Bourgeois ministre, ainsi que je l'ai dit. C'est désormais une institution Française. Je leur exprime encore ma reconnaissance et je félicite M. Petit de son talent et de son zèle dans le poste d'inspecteur général de l'instruction que lui a valu l'idée que je suis heureux de lui avoir donnée.

3° l'*Ultimum organum* est l'ouvrage qui présente la philosophie complète de la Méthode et fait sentir déjà que la *Religion de la Science*, sort de l'essence même de la Science faite.

Ce livre est spécial pour l'instruction supérieure.

Il a eu la place la plus considérable dans le *rapport officiel des sciences philosophiques au XIXe siècle*. Depuis lors il il a fait de nombreux prosélytes parmi les esprits les plus sûrs et les plus brillants, les uns qui en ont développé les doctrines, les autres qui s'en sont inspirés pour leurs œuvres.

Challemel Lacour disait : *je ne conçois pas qu'on n'ait point réorganisé l'instruction après les travaux de Strada sur la Méthode.*

Le grand métaphysicien Bouley le solitaire modeste et profond le maître ou l'inspirateur de Renan, de Ravaisson et de la pléiade des esprits de haut mérite de cet age fit après l'apparition de *l'ultimum organum* un triomphe à Strada, dont il ne connaissait que les ouvrages, dans la cour du collége de France en présence de Claude Bernard et de tant d'autres professeurs et philosophes.

Je crois devoir rappeler ces indications parceque l'instruction ne peut avoir une valeur solide, que par la connaissance et la pratique de la *Méthode science faite*. Tout homme qui ne l'a pas entière, a des lacunes d'esprit qui ne se comblent jamais.

III. — Pourquoi construit-on les Lycées à Paris? Quel besoin ont les enfants d'être en ville ?

Les collèges y sont des couvents cloîtrés, sans air, sans espace. On y promène des sénilités de 15 ans; on y enferme des virilités qui n'arrivent jamais à maturité complète. Les enfants sont des étiolés, les hommes des affaiblis d'avance, puisqu'ils n'atteignent pas le *summum* de force qu'ils pourraient avoir.

On médite de nouveaux lycées comme *Rollin*. Qu'on regarde ces fenêtres basses, on n'y sent pas l'air pénétrer, on croirait voir les communs d'un palais. Pour les maisons d'éducation de notre jeunesse il faut de l'air, de l'élévation dans les étages, de la noblesse de style. Le Lycée Janson de Sailly est certainement le mieux réussi.

Si vous voulez vous obstiner dans ces couvents urbains, qu'on appelle les collèges, au moins inspirez vous des cloîtres d'Italie. Ils ont du jour, de l'air, des jardins. Ils offrent d'admirables modèles d'art. Ils sont salubres, ils sont grands et puissants. L'esthétique dans l'architecture est de la salubrité.

Il ne faut pas s'y tromper; les vieux errements disciplinaires des corporations religieuses pèsent sur nos enfants. Le commencement du moyen-âge ne connaissait pas ces entraves : Oxford et Cambridge sont loin de Londres. Il est bon que les enfants soient loin des capitales pour la salubrité de l'air, l'espace libre, l'éloignement des exemples et des bruits corrupteurs.

Des cours où les fleurs s'étioleraient, voilà les respiratoires pour nos enfants qui passent leurs jours dans des classes bondées, leurs nuits dans des dortoirs combles.

Les Grecs n'élevaient pas ainsi leurs fils. Ils ont eu Aristote, Platon, Socrate, Homère, Eschyle, Phidias, Démosthène, Solon, les grands patriotes, les génies indépassés Miltiade et les Grands soldats. Les Anglais, les Suisses, les Américains, n'élèvent point ainsi leurs enfants, et les grands hommes ne leur font pas défaut. Vous enfantez des artistes nerveux et maladifs, c'est trop peu ; il faut faire des hommes.

Notre pédagogie est à réorganiser.

On doit construire le corps d'abord. Les jeunes gens arrivés à leur développement vrai sont des raretés à Paris. Il faut désembastiller la jeunesse.

Est-ce possible dans les lycées de Paris ? Non. Le Lycée doit-être transporté à la campagne, on y doit comme à Oxford, à Cambridge, à Grignon, à Saint-Cyr, faire des muscles dominateurs du système nerveux. L'escrime ne remplace pas la force des membres, et ce qu'on nomme aujourd'hui les sports athlétiques.

L'absurde dogme que tout homme venant dans le monde est une corruption native qu'on doit mâter par la pénitence, pèse encore sur l'éducation. On se défie de la plénitude de la force ; on a tort. Elle est l'équilibre.

L'homme venant au monde est une ignorance, une faiblesse, ce sont là ses seuls vices, ses seuls péchés originels. Il faut faire cesser cette faiblesse et cette ignorance, apprendre la dignité, la responsabilité, le devoir à cette force et à ce savoir acquis. Il faut avec la trempe du corps et de l'esprit leur donner la trempe d'âme et de volonté pour tout faire en vue du devoir, de l'amour et de la vérité.

Jamais rien de contraire à ces choses sacrées, ne doit souiller l'enfant, l'homme.

Quelle santé d'intelligence a égalé celle de Grèce ? Elle a presque épuisé tout ce que la *Raison critérium* pouvait donner, en le portant au plus haut point. Quelle santé de corps faisait-elle à ses héros !

Le protestantismes est supérieur au catholicisme en matière d'éducation. Le prêtre y a moins peur de l'homme. On ne se relève *jamais* complètement, absolument de l'éducation des Jésuites. Le caractère, l'esprit, l'âme en restent déformés, amoindris, incapables de sortir des préjugés.

Au milieu du courant scientifique qui entraine les peuples, si la France se laissait aller à l'éducation catholique, en 25 ans elle serait un peuple fini, perdu. La situation devient aiguë. On le sentira bientôt. On devrait déjà le sentir, et réagir au nom de la Méthode scientifique.

On peut pour les Lycées poser une loi analogue à celle que nous avons émise pour les hôpitaux et les cimetières ; Tous les cent ou deux cents ans les lycées sont à reporter à la campagne.

Pour qu'un lycée soit dans de bonnes conditions, il lui faut des cours immensés dans un lieu aéré lui-même et dont l'atmosphère soit pure. Il lui faut de vastes pâtis où les élèves soient exercés non pas seulement au manège, mais aux courses, à tous les exercices du corps. Il faut le voisinage d'un cours d'eau pour que les labeurs du canot, de la natation, enclose d'abord, libre ensuite, soient des récréations habituelles. Dans les pâtis on exercerait les élèves à tous les genres de luttes, au maniement de toutes les armes.

C'est donc au moins vers Auteuil, le Point du jour, Billancourt, Charenton, Bercy, que nos lycées nouveaux devraient être construits. Vous feriez des hommes. Les études n'en souffriraient pas, s'en amélioreraient. L'exercice et l'air fortifient la pensée comme le corps. Un savant fatigué du du travail sort et soudain il retrouve l'activité cérébrale.

Faire des hommes c'est faire des caractères, si vous savez le moyen d'en faire des consciences. Ce moyen la Méthode impersonnelle vous le donne.

L'éducation des Fois et du Rationalisme est impuisante. Trois cultes partagent l'Europe et tous les trois sont faux et immoraux.

Le catholicisme fait adorer ses médiateurs à la place de Dieu ; le protestantisme est un utilitarisme effréné et bas , le judaisme est le pardon de tout mal pour arriver à la richesse.

Ces trois cultes ont sur le front la tache terrible de la Bible, le livre sans pitié, le livre où Dieu est l'atroce et le cruel Moloch Assyrien, Dieu de Géhenne et d'enfer, c'est-à-dire Dieu d'injustice et d'atrocité.

IV. — Que faut-il savoir? Les sciences de la vie morale et nationale ; les questions des rapports humains par les littératures du passé et du présent, la législation comparée, les rapports du capital et du travail, la géographie, l'histoire ancienne et moderne, le commencement des sciences naturelles, les mathématiques proportionnelles, le crédit, la navigation, les garanties nécessaires aux travailleurs, les traductions des littératures anciennes, quelques langues modernes et leurs œuvres. Que savent vos hommes du baccalauréat ? Laissez moi le dire : Des mots.

Pourquoi les Juifs relativement si peu nombreux, sont-ils les empiétants dans nos sociétés ? parce qu'ils savent les questions de la vie, qu'ils les mettent en pratique, et comme, sauf quelques nobles exceptions, *presque tous* sont sans scrupule, ils ont tous les avantages sur les phraseurs et les savants de vocables.

Alors que deviennent ceux qui ignorent le sérieux de la vie ? Se sentant impuissants, ils transigent avec leur conscience, les uns se vendent, les autres escroquent, d'autres languissent dans les bas fonds des places gouvernementales, les autres enfin font des romans. La moralité s'évanouit.

L'escroquerie est à l'état presque natif chez le Juif, le père l'enseigne à son fils ; toute relation d'amitié n'est qu'exploitation ; les époux sont des associés de larronnerie. Le but final est l'accaparement de la richesse qui donne la force aux possesseurs et jette partout la démoralisation. La société entière finit par boire ce poison. Ne sentez-vous pas qu'il coule dans les veines de l'Europe et de l'Amérique ? La Bible fait grand mal au monde moderne.

La Bible est est un livre profondément immoral que je

résume dans ces mots : Volez tout, tuez les hommes et gardez les filles. Ruth selon le conseil maternel se livre pour tromper Booz ; Thamar attend comme une prostituée son parent au coin du chemin pour se livrer à lui. Abraham tue son fils pour plaire à Dieu ; la fille de Jephté pleure de mourir avec sa virginité ; les filles de Loth enivrent leur père pour en être dévirginisées ; le lévite d'Ephraïm et son hôte livrent la concubine, qui meurt sous une troupe d'hommes ; voilà l'histoire, c'est le fond. Les prophétes sont moraux dira-t-on, soit. Voyez leur sort. Voyez la réponse que leur font la vie de David et celle de Salomon. Et David est le saint et Salomon est le sage des sages. On ne pousse pas plus loin Roi, le cynisme de l'impudence et de l'impudeur. Et si vous regardez l'histoire des Juifs depuis ce temps, c'est l'accaparement, le dol, le vol. sous toutes ses formes. Les exceptions ne sont rien ici, c'est la presque totalité effrayante.

Laissons donc toutes ces Fois, et ne procédons que par la Méthode et les sciences faites. Nous ne pourrons désormais vivre que par elles. C'est la superbe condamnation de l'Avenir.

CHAPITRE XI

INSTRUCTION SUPÉRIEURE
L'UNIVERSITÉ UNIQUE

I. — L'éducation des lycées, comprise comme je viens de le dire, doit s'arrêter à la rhétorique. A partir de ce moment on est entré dans l'éducation supérieure, qui va jusqu'à la capacité pour le professorat.

II. — On a senti la nécessité de réformer l'éducation primaire, l'éducation professionnelle et on l'a réformée. On s'est ému des inconvénients de l'éducation secondaire, mais la loi Falloux et l'évêque Dupanloup eurent assez d'influence pour faire maintenir le *statu quo*. On semble n'y voir aucun défaut et on laisse les clergés empiéter.

Pour moi j'en trouve un très grand : Elle n'est pas assez libre. Elle forme les hommes à l'esprit de corps, d'école, de système. Voltaire redoutait tout esprit de coterie, de secte, comme portant atteinte à l'indépendance naturelle de la pensée. Je vois comme lui ici. Toute école à son gourmage particulier.

Je crois que l'éducation, ordonnée, comme je l'indique peut-être sans danger pour l'enfance pour l'adolescence jusqu'à seize ans, mais après ce temps, c'est-à-dire après la rhétorique, je crois que les hommes doivent faire librement leur voie. Il ne faut pas parquer les jeunes gens dans des écoles spéciales comme les enfants et les adolescents. L'État doit se contenter de la grande *Université nationale* que j'ai mentionnée.

Là auront lieu tous les cours qui se font dans les écoles spéciales actuelles, et les cours si incomplets et vains de philosophie qui se font dans nos collèges. Tout le monde, sans réception, sans inscription préalable, pourra aller s'instruire. Ceux-là seuls qui voudront des diplômes seront soumis à l'inscription, comme je l'ai dit.

La sévérité des concours assurant la capacité des concurrents, il n'y a pas de danger que les études baissent. Elles monteront au contraire, car on n'aura plus de certificat de présence pour aider à l'admission. Elles grandiront en recherche personnelle, en activité propre, en réflexion, en observation nouvelle, en initiative de travail individuel.

Il y a un immense danger à parquer les jeunes gens dans des écoles des beaux-arts, dans des écoles normales. Il s'établit là un dogmatisme dont ils ne s'affranchissent jamais et qui remplace le dogmatisme des sectes. Il en résulte dans notre nation une sorte de mandarinat chinois qui commence aux bancs de l'école et finit aux fauteuils académiques. On est un homme passé dans un moule. On ne se croit parfait que par ce moule. On perd toute initiative individuelle. On apprend une langue à harmonie convenue, à faux charme, Allez donc parler de ces phrases, de ces vers à Corneille et à Bossuet. Bossuet, Corneille, cela n'existe pas pour ces esprits perdus de préjugés. Les us d'autorité théocratique ce sont, dans les pays catholiques, transformés en habitude d'autorité scolastique et académique. Les pays protestants ne sont pas plus affranchis ; leurs partis pris, leurs étroitesses s'imposent et comme les erreurs juives, faussent tous les esprits. Le monde varie de faussetés, voilà tout, et les hommes s'entretuent encore pour ces rêves.

Les défauts sont analogues dans toutes les écoles spéciales.

Après les lycées il n'en doit plus exister une seule. Toutes faussent, rapetissent l'esprit. Elles lui imposent une manière qu'il ne pourra plus quitter. Les lois factices qu'il a reçues comme des dogmes pèseront sur lui jusqu'à la mort. Fait esclave, il jugera tout au nom de ces principes artificiels qui se retrouveront dans toutes ses œuvres.

Cela est vrai de toutes les écoles, polytechnique, normale, des beaux-arts, etc., tous les défauts d'écoles sont analogues. l'architecture, la peinture, la sculpture, la littérature ont partout le même cachet. Toutes ont quelque chose d'étreint, de serré, d'étroit, de voulu, de guindé, de roidi, d'artificiel, d'extérieur, sans simplicité et sans profondeur, sans le laisser aller de l'inventeur et du génie, qui éclate partout dans le grec, en fait la grâce, même dans le terrible et la violence. Chez nous, Corneille et Bossuet ont presque seuls cet art suprême. Le Romain copiste du Grec avait ces défauts qu'ont nos écoles. Voyez l'architecture, elle a quelque chose de péniblement étreint, de lourd, d'ignorant des proportions du beau. Personne n'a refait la colonnade du Louvre qui coule comme une onde. Perrault n'était pas d'école. Voyez le manque de proportions de la façade de l'Opéra, les secs et pénibles enchassements des fenêtres. L'école se plait à ces jeux de mauvaise patience, qu'on retrouve dans le style des lettrés qui se piquent d'être les parfaits. On les appellerait plus volontiers les pédants. Toute école apprend l'esprit de pédantisme. C'est la mort des grands esprits. Mais les petits esprits abondent, qui en sont fiers.

Les universités nationales donneraient les titres de docteur en droit, en médecine, ès-sciences économiques et politiques, ès-sciences morales, méthodiques et religieuses. On les voit bien couronner de nos jours des ouvrages faits en toute indépendance. Il est vrai qu'aujourd'hui les relations mondaines aident beaucoup à l'arbitraire ; cet inconvénient serait fort amoindri par la réception de *tous* dans les universités préparant aux diverses carrières. L'esprit général se trouverait élevé ; dès lors les camaraderies, les courte-échelles, les relations, seraient moins influentes. L'université ne serait plus le cénacle presque clos.

III. — L'école des beaux-arts a perdu de sa tyrannie, qui s'attribuait tous les droits sur les productions nouvelles. Il a fallu tout le magnifique courage de ceux qui furent nos pères dans les arts, il a fallu leurs douleurs, leur énergie pour faire dessérer ces chaines issues des sabines de David. Regardez-les au Louvre les sabines, quelle misère !

Les Delacroix, les Decamps, les Rousseau, les Corot, les Millet ont combattu. Ont-ils vaincu ? non. L'école des beaux-arts est là avec son enseignement hiératique, impuissant. Le Robespierriste David reste le secret dictateur.

Les cours de l'école des beaux-arts doivent-être absolument libres. L'inscription n'est que ce que j'ai dit plus haut. Tout le monde doit pouvoir y aller dessiner, peindre, s'instruire, comme au collège de France ou à la Sorbonne. Les élèves doivent être libres des professeurs et de l'esprit de coterie. Les concours sont là qui décideront.

Donc comme solution de pratique générale, cours publics, travail public comme au Louvre ; Toute personne (homme ou femme) âgée de moins de 30 ans a droit de concourir.

Qui décide ? Les professeurs ? une commission ? un Jury ? Non ; comme je l'ai dit pour les concours d'embellissement de la Ville, tous les auteurs d'œuvres connues par bulletin signé ;

— Les écoles normales ont le même danger que les écoles des beaux arts et que les états-majors isolés de l'armée. On arrive à choisir les officiers d'état-major dans toutes les armes ; Il faut arriver a choisir les professeurs dans tous les hommes instruits appelés en concours.

Il n'y a pas de doctrine secrète et kaballistique pour les professeurs, comme autrefois pour les prêtres. Les cours de l'École normale, doivent être faits dans l'université nationale libre, qui contient le muséum, la Sorbonne, le collège de France, etc — L'éducation y serait plus indépendante, sans esprit de routine, sans tradition impossible a vaincre.

Les hommes arriveraient à des positions méritées sans passe-droits, sans protections, sans esprit de corps.

Ce que je dis s'applique a toutes les écoles de jeunes gens. Elles peuvent sans danger être rendues à la liberté complète des élèves cherchant l'instruction. L'ancienne université où parlait Abeylar, où plus tard viennent s'instruire les Dante, les Thomas, les hommes de tous les pays, avait de cette liberté, malgré les préjugés d'éducation et d'instruction de ces âges. Vous croyez rendre les esprits plus vigoureux en les parquant dans des écoles spéciales, bien isolées, murées même ; vous leur donnez des manières insecouables ; Vous en faites les prêtres d'un système, d'un mode de penser, d'écrire, qui va dogmatiser l'instruction. Mandarinat universel ! Tous ces centres sont des ecoles de formalisme, d'infatuation, de préjugés, de pédantisme, qui s'imposent, faussent, rétrécissent les esprits et bientôt les cœurs; car la grandeur de l'âme suit celle de la pensée. Nous voyons sortir de là des intelligences ployées à tels ou tels dogmatismes laïques ou non. Elles font coterie, ferment, au nom de leur école, toutes les routes, toutes les avenues, à des esprits puissants et indépendants. On se donne la main pour se faire escalader les grades militaires, académiques, ou autres, pour acquérir des réputations usurpées souvent. On plonge ainsi la nation au retard, c'est-à-dire aux périls, si d'autres nations plus indépendantes permettent à l'initiative individuelle de faire plus de progrès. On vit dans un ordre factice, chinois, et tout d'un coup on est stupéfait de se voir dépassé par les peuples voisins ou éloignés. Qui vante les écoles spéciales murées est un aveugle et un dangereux citoyen.

L'école normale supérieure a tous ces périls. Plus encore peut-être, car comme elle est le noyau des professeurs elle a une influence redoutable. Loin de moi la pensée d'attaquer ici qui que ce soit. Je montre seulement les dangers d'institutions auxquelles la coutume empêchera peut-être de renoncer.

L'école normale supérieure, par exemple, était éclectique à une certaine époque. On ne voulait rien voir au delà. On ne connaissait pas la philosophie allemande et pour les anglais on en restait a Dugald-Stewart. Un jour on fût étonné en entendant dire que Saisset venait de découvrir Spinoza et

les philosophes de l'Allemagne, comme La Fontaine avait
découvert Baruch. L'aveu de ce sincère et noble esprit perce
à jour toute la philosophie officielle des écoles. Il étale la
plaie. Depuis d'autres préjugés se sont succédés, tenaces,
implacables. On est passé de l'éclectisme Français à l'éclectisme allemand, autre cécité. Il y en a qui en sont encore à
Kant, et qui pourissent notre France du doute désorga-
nisateur de ce plagiaire de nos idées libérales.

Dans les lettres, même petitesse.

D'abord ce fut le classicisme à outrance ; Puis l'esprit dit
gaulois, dit par excellence l'esprit français. Il y eut un
temps où un homme de beaucoup d'intelligence, faisant sa
conférence publique d'élève de l'école plein de préjugés,
écrasait le romantisme aux beautés duquel il s'est avec raison rallié plus tard. Les défauts ne sont rien dans les œuvres
du génie ou au moins des grands talents. Le génie est l'empor-
tement. On pourrait multiplier les exemples des normaliens
caméléons. Qu'en reste-t-il? des hommes sortis de la première école de France qui ont à refaire leur éducation pour
l'agrandir, la délivrer des petitesses, des faussetés scolasti-
ques. Ils en sont si imprégnés qu'ils ont mille peines pour
se corriger eux-mêmes. Comme ils ont un implacable orgueil,
s'ils se corrigent c'est en plagiant sans les nommer les génies indépendants.

Fort tard les esprits d'élite de l'éclectisme se sont mis au
courant des sciences physiologiques et naturelles. Nos professeurs n'en savaient rien. C'étaient de vrais scholastiques
de phychologie. Aujourd'hui encore les derniers éclectiques,
esprits plus larges, n'accordent les sciences qu'avec un parti
pris d'antagonisme au nom de la conscience, comme si la
conscience était autre chose que la science ou les préjugés
emmagasinés et dont on oublie l'origine.

Pourquoi tout cela ? parce que les hommes sont comme
les enfants parqués sous un conducteur, sous des professeurs
à préjugés ; parce que l'on respire là un air de direction, de
tradition, de théorie faite d'esprit de secte. Certes il y a eu

des protestations dont le grand Socrate reste inconnu. Je n'ai aperçu de loin qu'une fois, Bouley, mais ceux qu'il a inspirés entre autres Ravaisson ont lutté contre les préjugés éclectiques au nom des Grands Grecs, alors que l'éclectisme était le maitre. Mais combien peu ont eu le courage de ces pénétrants esprits. Certes Géruscz à qui nous gardons grande reconnaissance personnelle pour les chauds et brillants articles qu'il a écrits (sans nous connaître, sur nos premières œuvres comme M. Ravaisson lui-même) cherchait à maintenir l'indépendance de ses élèves ; mais les traditions d'école sont de grands tyrans.

On ne les détruira qu'en remplaçant les écoles spéciales par l'université générale et nationale. Je ne veux pas faire de personnalités de nos jours, un mot dit tout ; Les écoles spéciales ont et auront toujours le même danger.

IV. — En résumé pratique, l'éducation primaire et secondaire peuvent sans péril pour l'initiative individuelle se faire dans des écoles spéciales, jusqu'a l'âge où l'élève se prépare directement aux carrières de la vie, mais l'éducation supérieure dans les arts, dans les lettres, dans les sciences, ne doit se faire qu'a la grande université nationale absolument libre. Ainsi nous aurons détruit les mandarinats qui nous paralysent. La sévérité des concours où tous sont appelés et admis de droit, suffiront à assurer la hauteur, bien plus le progrès des études.

Il faut donc à partir de la philosophie, fondre les écoles supérieures spéciales dans l'Université unique, où tous les cours seront ouverts. Plus d'esprit de coterie, mais l'esprit libre de la science libre. Esprit un, équilibré, national, puisé dans l'équilibre universel de tous les cours de l'université nationale. De cette Université unique il sortira des lettrés imprégnés de science, des savants qui seront lettrés. Ce sera la résultante de cette atmosphère condensée, en même temps universelle.

L'esprit de séparatisme, d'orgueil, d'exclusivisme, de spécialisme, sera détruit par cette communauté libre d'instruction supérieure. On aura un esprit Français, non un esprit d'école. Bien mieux on aura un esprit de science c'est-à-dire solide et universel et par là impersonnel et supérieur.

Paris doit prendre l'initiative de ces mesures libérales, c'est lui qui doit fonder cette grande Université Nationale libre, que les autres villes reproduiront. Si l'on rapproche ce que nous disons ici de ce qu'ont dit notre *Religion de la science* et notre *ultimum organum*, on aura l'enseignement le plus puissant, le plus libre et le plus élevé qu'ait jamais connu aucun peuple.

CHAPITRE XII

DOUBLE DANGER NATIONAL

Si les dangers de l'éducation supérieure actuelle se bornaient à nos relations intérieures, on pourrait attendre peut-être, si désolants qu'en fussent les résultats.

Nous les voyons, nous en pleurons des larmes de sang, nous, les cœurs désintéressés.

Mais il faut méditer. Les dangers sont universels. Le libre échange, les communications incessantes des peuples, les font vivre les uns chez les autres. Plus d'isolement possible. Qui s'isole meurt. Il faut dans cet incessant échange d'idées, de produits, de puissances, que chaque état Européen soit l'égal de son voisin, en volonté suivie, en science, supérieure et pratique, sous peine de mort. Si après 1870 la République n'avait pas pris en main les réformes qu'elle seule pouvait oser accomplir, la France tombait pour longtemps au second rang des nations.

Si la France se mettait à l'heure qu'il est sous le joug de l'instruction cléricale, dans vingt ans elle serait un pays à rayer de l'Europe. Donc on doit interdire l'éducation aux clérgés, et ne la laisser qu'à l'Université scientifique.

La République durera ou ne durera pas, mais les réformes qu'elle va faire resteront en partie comme celles de 89 et de 48.

Tous ceux qui ont un cœur national doivent en remercier la liberté. Si d'ailleurs la République ne dure pas, c'est qu'elle ne le voudra point ; c'est qu'elle se suicidera par *faute de méthode*. Rien ne prévaudra contre elle, qu'elle même et l'obtus entêtement où elle se serait butée, dans la discorde fatale des raisons humaines, tombant à toutes les bassesses.

D'autre part, tout esprit d'autorité mandarine succèdant aux autorités cléricale et tyrannique a des dangers nationaux sur lesquels il faut méditer pour y parer avec sagesse et énergie. L'esprit organisateur est impuissant sans la force de caractère.

Tout dogme étant un ordre *apparent*, on s'y repose, on s'y endort. Tous les cœurs plats et égoïstes vivent de favoritisme, d'entichement, de coterie, de secte. Ils sont les satisfaits, et refoulent tous les autres esprits par la conspiration du silence ou du dénigrement systématique. « Quand je veux détruire un homme, disait devant moi un critique, je ne l'attaque pas par ses défauts, je fais de ses qualités des défauts. » J'ai vu moi-même des cercles d'amis, de parents, où jamais l'œuvre du frère, de l'ami, n'a été nommée. On la cachait à tous avec les soins hideux de la jalousie, de l'envie.

Un dogme quelconque étant accepté, respecté, l'esprit d'initiative disparaît. On se modèle sur la tradition. Tout est dogme en dehors de la science, aussi bien l'athéisme que les dogmes juifs ou chrétiens. Aussitôt qu'on en admet un, la pensée baisse, on retombe sous le joug intellectuel des nations étrangères, qui laissent plus d'indépendance individuelle, soit par les religions, soit par la politique, soit par la pratique courante de la vie, soit par les institutions scholastiques procurant plus de moyens d'instruction.

Ainsi d'un côté, tout joug scholastique entraine à glisser sous le joug clérical dont il est l'image de l'autre il porte à tomber sous le joug des nations plus avancées, et c'est ainsi que des esprits rationalistes distingués chez nous ont été chercher des dogmes scholastiques chez les voisins. Nous voyons aussi la preuve de ces conséquences dans toutes les défections d'esprits libéraux qui se jettent dans le cléricalisme, dans le protestantisme, dans le judaïsme, par intérêt et par besoin d'appui pour arriver à la fortune ou aux postes élevés.

Nous en avons encore la preuve, dans tous ces hommes qui habitués à un joug d'école depuis l'enfance, ne demandent après avoir subi un dogmatisme d'instruction qu'à subir un joug politique.

Ils ont secoué l'éclectisme français, secoué les partis pris religieux, ils se jettent dans l'éclectisme allemand, dans les théories anglaises ou autres, et changent leur liberté pour les esclavages. Ils vont chercher leur public en Allemagne, en Angleterre, se font les flatteurs de peuples qui ne rêvent que la mort de la France. L'intelligence doit, comme Corneille, n'avoir pas *l'esprit à la suite*. Elle doit le remplacer par *l'esprit de Méthode* qui rend l'homme supérieur à lui-même et à tout ce qui est de l'homme ; et qui seul donne réellement l'esprit d'initiative, plaçant toujours la pensée en face des *faits*. Qui suit, ne sera jamais le premier, disait Michel-Ange.

Nous donnons dans ce livre et à chaque page dans nos œuvres le moyen de sortir de ce double danger.

Comme M. E. Petit est venu se joindre à moi pour la mise en œuvre de *l'école après l'école*, j'ose espérer que des esprits intelligents, des caractères incapables de plagiat, de lâchetés, et dévoués au bien de la France et du monde, m'aideront à faire prévaloir ces principes. C'est la réalisation, dans un temps relativement court, de la loi d'amour, de la loi d'unité, de la loi de la Fédération des peuples, qui fait battre tant de cœurs aujourd'hui devant l'état de conflagration de la terre. Mais si on en prononce le nom on n'a pas le moyen de mettre en œuvre ce beau désir. La science manque. C'est la *clef* de la science comme disaient nos pères les Franks c'est la Méthode science faite.

CHAPITRE XIII

LE DENIER DU CLERGÉ
ET LA SÉPARATION DE L'ÉGLISE ET DE L'ÉTAT

On n'affranchira la France de l'esprit de dogmatisme scholastique, qu'en l'affranchissant de tout dogmatisme clérical. Ils se donnent la main même en se combattant. Chose d'habitude ! On change de dogme, mais on ne se sent calme que sous un dogme. Pas de dogme, la science ! Un dogme est l'idée de l'homme, la science est l'idée de Dieu.

On n'y parviendra que par la séparation absolue des Églises et de l'État.

Des esprits, réfléchis à moitié, pensent que ce serait un danger, que le paysan ne voudrait pas payer son prêtre, qu'il s'éloignerait de la République.

La situation à cet égard est la même que celle ou se trouva de Cavour quand il voulut affranchir l'Italie. On était très embarrassé. N'y aurait-il pas tyrannie à prononcer purement et simplement la suppression des domaines de la papauté ? Comment vivrait-elle ? Les populations ne seraient elles pas obligées de la faire vivre ? N'allaient-elles pas prendre fait et cause pour ce clergé dont elles ne savaient point se passer ?

Nous étions à Rome à cette époque, nous fîmes parvenir

par l'ambassade à M. de Cavour l'organisation du denier de
Saint-Pierre, telle qu'elle fonctionne aujourd'hui, nous y
joignions le principe et la constitution *libre de l'Eglise dans
l'Etat libre*. Huit jours après M. de Cavour prononçait son
discours de l'Eglise libre dans l'Etat libre. Il n'y avait plus
de danger de voir les populations hostiles. Le denier de St-
Pierre organisé devait suffire à la Papauté. On pouvait donc
déclarer la déchéance d'un pouvoir qui aurait rendu l'Italie
esclave à perpétuité.

Il fallait en effet pour arriver à une solution pratique, lier
ces deux questions ; l'assurance de la vie du clergé devait
primer l'indépendance de l'Etat, pour que des populations
ultra-catholiques prissent le parti de l'Etat contre le clergé.
Ainsi par ce mot de l'Eglise libre dans l'Etat libre, j'ouvrais
la porte de Rome. Le baron Ricasoli, ministre, m'en récom-
pensa en m'envoyant par M. Baruffi, confident de Cavour,
la croix d'officier des Saints Maurice et Lazare dans un écrin
aux armes du roi.

En France la question n'a pas la gravité qu'elle avait en
Italie, mais elle en a l'acuité par la surexcitation des passions politiques qui sont le vrai fond. La solution est la
même. La République ne doit pas purement et simplement
rejeter le clergé, elle doit montrer que la vie de ce clergé
est assurée sans que le paysan soit obligé de payer son curé,
soit directement, soit par l'intermédiaire de l'Etat ?

Donc je suppose la séparation de l'Eglise et de l'Etat pro-
noncée que va-t-il se passer ?

L'Eglise va tenir à conserver son influence, elle n'aban-
donnera pas ses curés aux subsides des communes ; ce qui
serait l'affranchissement des curés de la cour de Rome, et
de l'influence épiscopale. Les curés ne recevant plus leur
traitement que des communes deviendraient les hommes
des communes. Et dès lors que d'hérésies de toutes sortes.
L'Eglise primitive aurait pû admettre un tel état de choses.
Jamais l'église concentrée dans un absolutisme qui dépasse
celui de tous les siècles, n'y consentira !

Elle organisera donc elle-même un denier des évêques et des curés, un denier du clergé, analogue au denier de St. Pierre pour le pape. L'Eglise par chaque évêque paiera avec ses fonds, recrutés dans le monde catholique entier, ses curés, ses desservants de tous les ordres. C'est là une cause de vie ou de mort pour son pouvoir despotique et son unité. On est donc assuré que cela ne peut se passer autrement. On en sera plus convaincu encore si l'on pense aux efforts que le protestantisme encouragé par le nouvel état de choses, ne manquerait pas de faire pour gagner les communes. Organisé comme il l'est le clergé fera face. Et nous avons vu dernièrement des protestations, et des offres considérables a des évêques qui prouvent ce que nous avançons.

Il y a des politiques pénétrans, libéraux, qui croient que la France doit profiter de l'influence catholique et se l'approprier en restant liée au clergé. Thiers était de cette école, Gambetta en était. C'est une erreur. Nous avons reçu autrefois à ce sujet de remarquables lettres de M. Barthélemy St. Hilaire. Si forte qu'en soit l'argumentation, non seulement nous n'avons pas pû modifier notre opinion, mais nous l'avons plus fortement accentuée. Nous avons dans notre première jeunesse partagé les opinions libérales de Lamennais. Nos études dans les sciences et surtout la *méthode* devaient nous les faire bientôt abandonner. En effet puisque nous affirmions dans *l'ultimum organum* et la *Méthode générale*, que le FAIT *est le seul juge infaillible, le seul critérium* vrai et *impersonnel* de la Pensée humaine, nous ne pouvions reconnaître dans les livres des révélations, quelles qu'elles fussent, et dans les papautés, un juge infaillible. Nos écrits, le *dogme social*, la *séparation du pouvoir*, dans lesquels nous avons développé les principes libéraux analogues à ceux de Lamennais, sont donc des ouvrages de jeunesse, qui contiennent plusieurs opinions non scientifiques, mais qui n'en ont pas moins donné la solution pratique des rapports actuels du clergé et de l'Etat, comme ils l'ont donnée autrefois à M. de Cavour.

Puisque nous parlons de ces œuvres nous croyons devoir dire ici que nos doctrines vraiment faites et immuables, parce qu'elles sont uniquement scientifiques ne partent que de *l'ultimum organum* et de la *méthode générale*. Elle se résument dans la philosophie totale de *l'objectivisme métho-dique*, *évolution pacifique des sociétés de Foi en sociétés de science*.

Nous croyons donc que la France ne peut que se détruire en s'attachant à l'influence du catholicisme. Ce que l'on croit une force est une faiblesse. C'est le passé qu'elle traine et qui entrave sa marche. L'Etat doit être impersonnel comme la science. L'Etat qui veut avancer fortement dans la science ne doit subir qu'elle, n'avancer que par elle. Il doit se délivrer des entraves de tous les anciens cultes Juif, catholique, protestant, mahométan, Indou. Il ne doit leur donner aucun subside, il doit les considérer comme des opinions personnelles auxquelles l'Etat n'a rien à voir tant qu'elles n'empêchent pas la vie nationale, et qu'elles respectent les lois. L'Etat ne peut admettre que la RELIGION DE LA SCIENCE, et jamais nulle autre, sinon il meurt.

Pour toutes ces questions voir le *dogme social, la séparation des pouvoirs*, la *France sauvée et la Fédération*, la *transformation des sociétés de Fois en société de sciences, œuvre générale, qui comprend l'ultimum organum*, la Méthode générale, *la loi de l'Histoire, la Religion de la science, l'épopée humaine* etc. etc.

La France affranchie de la prépondérance théocratique qui borne l'esprit de ses enfants à l'acceptation des dogmatismes, relacherait bien vite d'elle même le dogmatisme scolaire qui commence aux bancs de la 1er école pour monter jusqu'à ceux des académies. L'affranchissement, l'élargissement intellectuel serait opéré. La fondation de la grande université unique en est la base d'organisation.

La France aurait un esprit un.

CHAPITRE XIV

FAIRE DES AMES

DES ESPRITS, DES SOCIÉTÉS

I. — Il faut faire des consciences. — On n'en fait pas — on charge des cultes également faux de les fabriquer. Déplorable est l'état des âmes, cela éclate au moindre prétexte et dans toutes les affaires. Honte et douleur !

L'Instruction n'y suffit pas. Le développement intellectuel est impuissant. Il faut la culture de la morale et de la Religion de la science, c'est-à-dire la Religion science faite née de toutes les sciences faites et de l'essence même de la méthode.

On n'apporte pas en naissant une conscience, pas plus qu'une science. On apporte la possibilité de se faire une conscience, de se faire une science.

On se fait une science par un enseignement suivi, continu, persévérant des lois de ce qui est, et de la Méthode pour atteindre à ces lois. Il n'y a pas d'autres moyens pour se faire une conscience.

Il faut l'enseignement à tous les degrés, à tous les âges de la science morale, accompagnée des beaux exemples, des nobles récits de l'histoire, mais surtout les lois scientifiques de l'Idéal moral qui est vraiment divin puisque toute loi de *science faite* est la pensée, la parole même de Dieu ; et la seule.

La droiture des mœurs, la gravité des pensers, le respect de l'amour et des hautes affection, l'horreur du mensonge, même innocent, la probité absolue, le respect des autres même dans les relations de camaraderie, l'esprit de Justice, la cessation de toute gouaillerie provoquante, voilà ce qu'il faut atteindre pour faire des amis, des époux dignes de ce nom, des hommes capables des fonctions de la société et de la vie.

Arriver à la grandeur d'âme comme à la grandeur de l'esprit tel doit être le but de l'éducation. Hélas qu'on en est éloigné, et quel spectacle nous donnent les hommes de tout pays !

L'enseignement de la science morale est encore trop peu ; car il faut avoir le coup au cœur autant que le savoir du bien pour le chercher et l'accomplir. Il faut un sentiment religieux, une émotion faite de dignité et d'ardeur, qui sorte l'homme de lui-même et le mette en face de l'idéal divin, qui est précisément représenté par les lois des sciences faites qui ne sont rien autre que les idées de Dieu.

Il faut que l'homme au fond de lui-même ne sente pas un seul désir avilissant.

II. — L'instruction doit-être basée sur ces vérités méthodiques :

La vérité est en dehors de l'homme.

Il y a un vice originel et il n'y en a qu'un seul ; c'est l'ignorance.

Il y a un sauveur du vice originel et il n'y en a qu'un seul : c'est le FAIT, quand il est indestructible ; car alors il devient axiomatique et scientifique.

Tout hors de là est rêve creux, ou hypothèse à changer en certitude.

Les Religions répètent sans cesse à leur prophète ! « O mon sauveur. » sauveur de quoi ?

Il faut se rendre compte : sauveur du vice originel. Mais

il n'y en a qu'un : l'ignorance. Les Fois apprennent elles la science ? Non ; elles n'enseignent que des hypothèses dont elles font des dogmes. La science dans les Religions reste en dehors des religions même. C'est un développement spécial, à côté.

Le seul sauveur réel, qui est le Fait scientifique, est hors d'elles ; elles n'ont donc pas le vrai sauveur.

Ainsi les fois du passé sans exception trompent les hommes sur le véritable sauveur, le seul, le vrai père du progrès, de tout progrès. Elles l'empêchent d'aller à lui, puisqu'elles en présentent d'autres, qui les en détournent, et par là les plongent dans l'oubli, dans le mépris de la vie impersonnelle vers le divin.

Ces mots sont la plus grande Révolution religieuse et sociale par suite, qui ait été faite dans le monde. Ils transportent l'idée de Religion à la science seule. Ils fondent la *Religion de la science* et détruisent toutes les autres. Je renvoie à l'*ultimum organum*, à la *méthode générale*, à la *Religion de la science*, à *la loi de i'histoire*.

La Religion de la science naissant de la science de la méthode, et n'étant que la philosophie morale de la science, de *toutes* les sciences, tel est l'avenir sauveur de la moralité et de l'ordre dans la liberté.

Paris doit l'établir ou périr sous les divisions des religions ou des rationalismes en décadence. Je pense que les présents évènements vous forcent à la sentir. Si non, vous êtes des aveugles ou des égoïstes forcenés.

III. — Oui l'on doit comprendre la vérité de ces paroles en face des insanités où nous sommes plongés, et qui sont au fond la renaissance des guerres de Religion sous des formes nouvelles. L'impuissance de la Raison nous conduit là. Quelle honte !

Or la religion de la science qui contient le SAUVEUR SCIENTIFIQUE, affranchit l'homme des vices de l'ignorance et du mal, le conduit au progrès, le conduit à Dieu du même coup, sans superstition, sans subordination, mais par la liberté. Il ne peut du reste y aller que par la liberté, puisqu'il ne peut y aller que par la science. Et quoi de plus libre que la science, puisque c'est la liberté par les lois de Dieu, vous passant sa force ?

En effet le FAIT SCIENTIFIQUE, le SEUL SAUVEUR, est l'objet de toutes les sciences. Mais le Fait, la loi scientifique sont la réalisation de l'Idée divine, étant tout ce qui existe, ce qui est et peut-être objet de science. Donc se sauver par le Fait scientifique, c'est se sauver par Dieu. Voilà le vrai, le seul salut des esprits, des âmes, des sociétés. La seule base durable de la liberté. L'athéisme est bientôt contraint, même malgré lui, à la tyrannie.

La Religion de la science unit l'homme et Dieu par chacun des Faits de la science. Elle inspire à l'homme qui a compris ce lien, le plus profond sentiment religieux, le seul vrai qui ait jamais été dans l'âme humaine.

La RELIGION LAIQUE et LIBRE est née et organisée enfin. Plus de théocraties, plus d'autocraties ; la liberté par Dieu, puisque les lois de la science ne sont rien que les pensées de Dieu.

L'Avenir n'aura la paix que par cette conception supérieure de la Religion, à laquelle il adaptera un culte proportionnel à son utilité et à sa grandeur. (*Voir Religion de la Science*). L'Avenir sera plus religieux que tous les passés et il le sera dans la perfection scientifique du savoir.

L'Athéisme n'a jamais présidé qu'aux décadences. Voltaire, Robespierre même l'ont senti. Je tiendrais pour faibles psychologues et faibles politiques les hommes qui voudraient bâtir sur l'athéisme. Il faut pour bâtir avoir une religion ; seulement il ne faut avoir aucune des fausses et et jusqu'ici elles le sont toutes.

Il n'y en a qu'une possible aujourd'hui, la Religion que nous annonçons, que nous démontrons : LA RELIGION DE LA SCIENCE. Les indications que nous donnons ici sont insuffisantes pour les penseurs, nous renvoyons à nos ouvrages.

CHAPITRE XV

ÉQUILIBRE DE L'ESPRIT FRANÇAIS
ET DÉCENTRALISATION

I. — On doit profondément méditer que le Paris de la
science serait en même temps le Paris de la décentralisation.
Elle serait toute pacifique, opérée par la seule science et par
les universités diocésaines établies librement à l'instar de
celle de Paris.

La liberté assurée à chaque Université dans les limites
indéfinies et TOUTES SCIENTIFIQUES DE LA MÉTHODE ET DU
CRITÈRE IMPERSONNELS assurerait mieux l'unité de toutes
les parties de la France que les exigences politiques actuelles et n'en aurait pas les graves inconvénients de centralisa-
tion à outrance.

En effet l'union des esprits s'opérant, avant tout, par les
sciences faites, serait plus solide que le semblant d'unité
donné par des Fois contraires et des écoles rationalistes et
superficielles. Comme d'autre part les universités diocésaines auraient les mêmes solutions scientifiques, il s'en sui-
vrait une unité inconnue mais nécessaire par simple logique
et non par force. Les grands centres scientifiques ne se dis-
putent pas longtemps.

Cette unité par l'esprit et l'éducation ne nous empêchera

pas dans nos ouvrages subséquents de chercher une unité politique libre. Mais ne voyez-vous pas par les évènements inattendus qui nous enserrent, que les Fois, les Raisons, les Intérêts individuels dominants, seront la cause éternelle du désordre dans les royaumes et plus particulièrement dans les Républiques?

Pas d'équilibre possible entre les nations et dans les nations : Le Rationalisme est diviseur à outrance : le fidéisme est à outrance le tyran.

L'Equilibre de l'esprit Français ne peut exister que pour la réalisation de son idéal Frank ; *chercher la* CLEF *de la science* (la Méthode) *et la Justice.*

De cet idéal il faut retrancher le critérium que croyaient avoir nos pères les Franks : la *Raison, les facultés.*

Nous avons longuement montré dans nos différents ouvrages que le critérium ne peut être dans l'homme, dans ses facultés, dans ses opérations, dans sa Raison. Il est extérieur à l'homme, donc *impersonnel,* c'est *l'indestructibilité absolue du Fait et des Lois,* qui sont des faits généraux. Ainsi l'idéal Frank rendu indestructible par la science faite de la Méthode que nous apportons, pourra seul établir l'équilibre de l'esprit français et le triomphe de son cœur universel.

J'ai prouvé ce résultat par la science, par l'histoire par la poésie, et les arts. Je l'ai atteint partout. Puisse-t-il faire le bien dont le désir incessant a dévoré toute ma vie.

II. — S'il est déplorable de voir des esprits, souvent bien intentionnés faire défection à la science et à la France, pour tomber dans le dogmatisme clérical ; Il est bien douloureux d'en voir qui font défection à la pensée Française, à l'idéal Français, à la France, pour se laisser glisser à l'adoration de l'étranger et à tous ses faux et dangereux systèmes.

La science faite n'a pas de patrie parce qu'elle est impersonnelle. Les Fois, les systèmes en ont parce qu'ils sont toujours personnels et ne peuvent satisfaire que des groupes d'hommes.

Ce fut une défection malheureuse pour la France, que celle de tous ces esprits qui se mirent à la remorque des absurdes systèmes allemands. Nous en ressentons les conséquences dans l'opinion du monde. C'est notre engouement, ce sont nos louanges qui ont créé une réputation à l'Allemagne, alors que nous étions les dispensateurs de la renommée.

Cette réputation était-elle méritée ? Non.

L'Allemagne depuis la Renaissance n'a fait que retarder le monde moderne. Qui ose affirmer que la Réforme était un progrès alors que Rabelais proclamait l'expérience ?

C'est la nature de l'esprit allemand, je l'ai dit. de faire le commentaire des idées des autres peuples. Il faut le temps pour développer cette masse infinie de gloses qui semble si probante aux ignorants, et qui est simplement l'échaffaudage allemand. Après des siècles de bavardages, on se trouve aussi peu avancé qu'avant.

On le voit aujourd'hui avec grande clarté. Qu'a fait l'Allemagne depuis cent ans ? Elle aboutit à reproduire les penseurs Français du 18ᵉ siècles. Ses solutions dernières sont celles des Buffon, des Montesquieu, des d'Alembert, des Condorcet, des Volney. Büchner n'est qu'un Lamettrie en retard de cent ans. Ses athées, ses panthéistes sont la rédite de Diderot dans ses mauvais jours.

Michelet et Quinet ont fait gloire à l'Allemagne de la Réforme, c'est le contraire qu'il fallait dire. Comment ces éminents esprits, n'ont-ils pas vu que, par la Réforme, l'Allemagne enchainait pour des siècles la liberté de l'esprit humain! Nous le touchons bien aujourd'hui : lié au Judaïsme, le protestantisme réveille les guerres de Religion contre le catholicisme qui ne vaut pas mieux.

Le rationalisme français, né d'Abeylard, aboutissait à la grande révolution d'Etienne Marcel, à de Meung, aux Etats-Généraux de Philippe-le-bel, à l'expérience de Rabelais et Montaigne.

La Renaissance était donc bien en avant du protestantisme.

La réforme allemande fut un recul sur le rationalisme français et sur la science européenne qui se dressait avec un courage héroïque jusqu'au martyre.

La philosophie allemande du XIX° siècle née de l'esprit protestant, cherchant au fond un dogmatisme capable de succéder à celui de la Bible et du Christianisme sur lesquels beaucoup s'appuient, n'est pas une pensée libre. Elle fut un recul sur la philosophie Française du XVIII° siècle à laquelle elle aboutit aujourd'hui en finissant par le panthéisme et l'athéisme qui, par risible logique, proclament l'Allemand le Dieu.

L'Allemagne est un recul dans le monde comme la Théocratie elle-même. Que fait-elle aujourd'hui ? Un fidéisme d'empire. C'est à l'Allemagne et à l'Eglise que l'on doit les atroces guerres de deux siècles, dites guerres de religions, qui ne seraient pas nées, si le rationalisme de la Renaissance n'eut pas été dévoyé dans la Réforme. Voilà comme il faut voir l'Allemagne désormais. Le rêve d'empire Romain renouvelé qui la tourmente en est la preuve et la dernière phase logique.

Si l'on excepte quelques belles découvertes partielles de science pure, tout le travail de l'Allemagne a été plus qu'inutile, nuisible, depuis trois siècles. L'Allemagne ressemble à un mathématicien qui voyant une opération accomplie par par un autre dans le monde arithmétique, la reproduirait dans tous les modes numériques les plus compliqués. Qu'est cela? Pure forme, du vent. L'Allemagne n'invente pas les idées, elle les épuise. Il y a plus de quarante ans que j'ai dit que les philosophes allemands sont la scholastique de Descartes, comme Saint-Thomas est la scholastique du catholicisme.

Humbolt représente assez bien les qualités de l'esprit de l'Allemagne, comme Bismark les vices de son cœur et tous deux son orgueilleuse ambition. C'est ce qui fait leur popularité. Ce savant après avoir sucé les opinions de nos savants, en les traquant dans leurs cours, dans leurs conversations, dans leurs voyages, a fait le résumé de ses pillages sous le nom de Kosmoz. Le célèbre Poinsot qui le connaissait bien, disait de lui : « Oui, Humbolt, il sait tout, comme la portière ».

Grâce à cette odieuse, cette honteuse, cette jalouse manie française de faire des succès aux étrangers, pour n'en pas faire aux nationaux, cette portière à eu plus de gloire que ceux dont elle avait sucé le cerveau et les moëlles.

Qui s'est levé contre la République de 89 ? L'Allemagne.

Aujourd'hui, en face des libertés Européennes on doit à l'Allemagne la consolidation, l'unification du despotisme le plus menaçant qui fut depuis des siècles. L'Europe vit sous le sabre de ses armées sans cesse augmentées. Où cela va-t-il nous mener ? L'Angleterre en profite déjà. La vraie, la seule entrave à la paix c'est l'attitude de l'Allemagne ; le don Quichotisme anglais n'oserait pas se dresser. Il n'attaque que les faibles.

L'Allemagne nuit donc à l'équilibre social de la liberté des peuples, comme au développement du progrès, de la paix et de la science.

Voyez les esprits qui en France suivent les Allemands, ils s'enfuient presque tous de la liberté. Taine et Renan falsifient la Révolution ; les autres flottant du dogmatisme éclectique français au dogmatisme éclectique allemand, s'allient ici au judaisme et au cléricalisme protestant sans voir que l'on est entrainé hors des questions vitales ; Ou ? Aux vieux fidéismes religieux.

Qui nie les droits de la science et de l'homme et notre idéal, nie la France.

A quoi sert la France dans le grand concert des peuples modernes si elle n'est pas le représentant sacré de cette loi de liberté et de justice !

Ajourd'hui l'Allemagne calque le mode de commerce anglais en l'agravant par une fraude judaïque universelle. Il y a du Juif dans l'Anglais et l'Allemand par la Bible.

Michelet et Quinet dans leurs derniers jours ont porté le poignant repentir d'avoir vanté l'Allemagne, quand ils ont vu la France tomber sous la griffe de son implacable et séculaire envie. Pendant que la France faisait son succès et sa gloire, la mortelle ennemie calomniait, avilissait. Elle calomnie, avilit encore. tout lui est bon. Ne disait-elle pas dernièrement que les paysans du midi avait les pieds conformés comme ceux du singe, tant notre pays est encore engainé dans l'animalité.

Montre ton idéal auprès du nôtre, pauvre Allemagne. Ces mots nous jugent. Tu calomnieras toujours. Tu viens chez nous acheter les âmes et les talents pour t'aider dans ton œuvre.

Triste France, d'un côté entre la théocratie Jésuitique qui distribue les grades de l'armée, de la magistrature et les influences civiles par la loi Falloux, laquelle lui donne droit à l'éducation supérieure ; de l'autre l'Allemagne distributrice des calomnies, acheteuse de consciences, et faisant des espions de nos compatriotes joints aux espions de sa race.

Oh serrons nous tous dans la libre science, pour défendre la France, son rôle immortel, son généreux et droit génie, et que le nom de l'Allemagne ne soit pas prononcé chez nous, tant qu'elle n'aura pas renoncé à sa féroce et meurtrière envie.

Quand l'avenir degonflera le ballon à moitié vide qu'est ce peuple, on ne pourra s'empêcher de prendre en pitié les hommes qui y ont cru, qui l'ont prôné au détriment de leur propre nation. Esprits superficiels qui ne voient pas que sous la mise en scène de ces commentateurs infatigables il y a une vraie pauvreté. Bismarck même, malgré sa haine de fauve ne pouvait lire que des auteurs français.

Pour empêcher ces défections que faut-il faire ? Détruire chez nous le mandarinat universitaire et paralysateur. Mettre dans l'université unique, nationale, les esprits philosophiques en contact avec *la science faite de la Méthode*, de façon qu'un seul grand esprit français, mais tout *scientifique, soit la résultante naturelle de toutes les sciences unies. Le jour où la France ne parlera plus des Allemands, vous verrez bien vite leur niveau baisser dans l'univers. Pas d'injustice certes, même envers nos calomniateurs, nos plagiaires, nos espions ; mais pas de duperie, pas de réclame enfantine, pour qui n'est envers nous que le vol, l'injustice et la haine. Il faut être un aveugle pour agir autrement.*

Que les peuples qui ne sont pas réellement Allemands entendent notre appel de l'autre côté du Rhin : *Nous avons seuls dans le monde l'idéal Frank,* donc tous les peuples Franks sont nos frères, liés à nous et non à l'Allemagne, dont l'idéal est le contraire du nôtre, car il est l'invasion et et l'empire tyrannique. Entendez, méditez ces mots, peuples de race Franke, et venez accomplir la *Fédération libre* avec nous.

III. — Certes si les Allemands n'ont fait, comme la théocratie, qu'engourdir le monde de scholastique protestante et cartésiénne, nous n'avons pas été sans faute. Le dogmatisme théocratique, le dogmatisme scholastique des Cousin et autres ont arrêté la science vraie et l'organisation de la liberté. C'est ce qu'ont fait et feront toujours les dogmes des Fois et les systèmes individuels.

Ce dogmatisme académique persuade à tous les esprits qu'on ne fait sa carrière que par l'Etat. Comme il distribue les grades aux militaires, aux évêques, il distribue les galons aux artistes aux savants : il fait les uns caporaux d'art ou de lettres, les autres sergents, les autres généraux. Les savants, les philosophes, les artistes auxquels il dispense les places, les récompenses comme aux soldats et aux magistrats, perdent l'indépendance et l'initiative d'esprit. Pas de savant libre, pas d'artiste libre, pas de philosophe libre. Aussitôt qu'il s'en trouve un il devient le paria. Ce paria, vous ne songez pas qu'il est souvent le courageux et partant le noble. C'est l'homme du demain de la vérité.

Ce pharisaïsme scholastique doit cesser, si l'on veut que la France marche réellement vers l'avenir ; si l'on veut qu'elle ait sa place légitime ; si l'on ne veut pas voir les esprits ballotés d'une doctrine étrangère à une autre, et n'osant pas être français.

IV. — Nous n'aurions pas voulu dans un livre d'institutions pratiques et d'avant projets parler science pure ; cependant nous avons bien été forcé d'indiquer qu'il y a un moyen de sauver les esprits de ces oscillations du rationalisme au fidéisme et du fidéisme au rationalisme, ce hideux pendule éternel qui ruine autant les caractères que la force de la pensée et la force des nations. Ce moyen unique c'est la MÉTHODE qui par son critère IMPERSONNEL A L'HOMME place l'esprit en face des *faits* seuls, le met à l'abri des systèmes, des engouements d'outre Rhin, d'outre mers, d'outre monts, par qui sont écartelés nos pauvres penseurs en dérive, tombant dans tous les camps d'un rêve malsain à un autre et y faisant tomber notre nation, les nations.

Là est l'axe de vie. La *méthode rationaliste* étant personnelle comme la *méthode fidéiste*, toutes deux sont au fond en contradiction avec la science qui par soi est fatalement impersonnelle. La méthode pour être d'accord avec l'impersonnalité de la science doit donc être impersonnelle comme elle. Or la MÉTHODE ne peut être impersonnelle que par un CRITÉRIUM ABSOLUMENT IMPERSONNEL.

Le seul critérium impersonnel qui puisse exister c'est le FAIT quand son INDESTRUCTIBILITÉ L'IMPOSE axiomatiquement à l'esprit humain. Le FAIT c'est l'objet de chacune des sciences, des lois et des propositions dans les sciences.

Donc le critérium de l'OBJECTISME MÉTHODIQUE peut seul assurer à l'esprit cette indépendance. En le plaçant en face des faits seuls, elle le préservera de toutes les erreurs. En posant ces lois de la Méthode j'ai tiré la loi philosophique de la pratique des sciences, comme Baron et Descartes ont tiré la loi philosophique de la pratique rationaliste de la Renaissance.

Le jour où la France adoptera ce critérium scientifique elle sera simple, grande, originale, profonde, ne demandant rien aux Fois, rien aux systèmes des autres peuples, mais tout aux FAITS. Elle sera la nature qui prend une voix. La loyauté ferme et virile de l'esprit et du caractère lui sera assurée. Nul compromis : Le FAIT ! Nulle puissance autre que celle du FAIT. Pas de flatterie aux peuples, ou aux hommes en renom : Le FAIT. Pas d'envie contre le condisciple, le frère, l'ami : Le FAIT. C'est la loyauté parfaite de l'esprit

Que de vertus dans ce mot : loyauté d'esprit ! Combien ai-je connu d'homme qui l'avaient ? Je n'oserait pas en dire le nombre, tant il est petit. J'en connais pourtant à qui je puis donner cet immense éloge. C'est ma consolation dans la vie que ces belles honnêtetés. Seule la méthode impersonnelle peut porter cette vertu à son comble. Quand les Fois, les systèmes, les partis n'invitent qu'à torturer les faits, pour tacher de faire croire qu'ils ont raison ; seule la MÉTHODE IMPERSONNELLE dit au FAIT : « Parle pour moi ! » Il parle et terrasse tout. En se plaçant en face du Fait, la pensée humaine se place en face de Dieu. Elle voit, elle parle comme Dieu, car elle ne dit que ses lois.

Certains esprits, entre autres un homme très distingué, Monsieur le Professeur Renard, croient que je n'ai fait qu'accentuer Descartes. C'est une erreur : Je le renverse absolument.

Descartes est l'homme qui a débridé la raison en lui attribuant la faculté de faire la vérité par une capricieuse faculté: l'évidence. C'est le rationalisme à son point culminant qui devait enfanter le soubresaut de la Fronde et bientôt le bond aveugle et sublime de la Révolution. A quoi ont abouti ces deux efforts ? A l'avortement ; parce que la Raison étant le juge dernier et absolu comme tout critérium, devait déchaîner toutes les raisons. Or, la Raison maîtresse pour qui travaille-t-elle ? Pour l'intérêt de l'individu et de sa coterie. De là la mort de la Révolution et celle de notre République qui se prépare, car, à bien des égards, hélas, nous ressemblons beaucoup à l'époque gangrenée du Directoire. Oh nous devons en sortir !

Voilà les fruits, les conséquences pratiques de Descartes et du rationalisme.

Or, je nie absolument la puissance de la Raison *comme critérium*. Je le lui arrache complètement. Dans la science faite la Raison est ESCLAVE DU FAIT qui s'impose et qui par là est le critérium impersonnel, seul sauveur. Allons, arrachez vous cette vieille plaie de l'humain orgueil. Cela ne fait point de mal. Le critérium est hors de l'homme et non pas en lui. Ce sublime esclavage de la science c'est pour l'homme, pour l'esprit, pour la conscience, pour les sociétés, la liberté dans l'ordre, c'est la puissance des lois absolues transportée dans l'esprit et mise au service de l'humanité.

V. — En résumé : Plus d'écoles formées pour l'éducation supérieure : Université unique, universelle, nationale, absolument ouverte et libre. — Concours libres, sévères, sans nom d'auteur. Méthode impersonnelle ayant pour critérium absolu et seul infaillible : Le Fait, l'INDESTRUCTIBILÉ DU FAIT.

Je dis que l'étiage des œuvres s'élèvera immédiatement, que le niveau de la pensée française sera plus sûr, plus vaste, solide jusqu'à l'indestructibilité qu'elle aura empruntée à celui là seul qui la donne : le Fait.

Résultat final : L'unité de la Méthode scientifique, l'unité d'université, donneront à la France une unité d'idéal et d'esprit qui en feront le plus étonnant, le plus sûr, le plus élevé des peuples de la terre. Son cœur aspire à cette hauteur, que son esprit s'y repose.

RÉSUMÉ GÉNÉRAL DE CE LIVRE

CHERCHER LA CLEF DE LA SCIENCE ET LA JUSTICE

C'est l'idéal français pur. Il n'appartient qu'à nous seuls. C'est lui par conséquent qu'il faut représenter par nos monuments, par nos institutions, par nos œuvres scientifiques, littéraires, artistiques, sociales. C'est lui qu'il faut mettre en pratique dans tous les rapports nationaux et internationaux, commerciaux, financiers, humanitaires. Il embrasse tout.

Ainsi nous sommes sûr d'être le peuple sans pendant dans l'humanité, sans égal dans les temps, pourvu toutefois que nous ayons le vrai, le seul critérium, la seule notion de la méthode générale capable de mettre en œuvre cet idéal.

Le moment est venu d'y réfléchir profondément. Nous sommes à un épuisement d'ère rationaliste. Tout le monde veut la guerre, parce que tout le monde veut la dictature pour sortir de cette défaillance, qui serait demain décadence si l'on n'y remédie à temps.

Mais dictature c'est fidéisme. On ne remédie pas au rationalisme par le fidéisme ; ce n'est que changer de décadence. Le rationalisme romain épuisé, le fidéisme impérialiste n'a pas sauvé l'humanité ; il l'à plongée dans une ère plus basse encore. Prenez garde, le monde en est là.

Seule l'ouverture de l'ère de la Méthode et de la Science peut assurer le salut qui sera l'ordre libre.

TITRE QUATRIÈME

PARIS VILLE DE L'INDUSTRIE

CHAPITRE PREMIER

PARIS PORT DE MER

I. — Un temps va venir, et il est proche, où toutes les capitales de l'Europe seront ports de mer. C'est une nécessité économique ; sinon les ports de mer seront les vraies capitales comme New-York.

C'est une marche fatale. L'Europe ne vit plus sur elle-même. Nul peuple ne peut dire : *non possumus*. Il faut pouvoir ou mourir.

L'Amérique, l'Australie, l'Inde, la Chine, le Japon, sont entrés en pleine vie européenne. Leur énorme, leur redoutable concurrence s'accuse tous les jours. Depuis ma jeunesse, je m'étonnais que l'Europe n'envahit point l'Afrique si proche. Je disais : cela viendra. Cela est venu. La science, les marches audacieuses, héroïques ont ouvert le pays du mystère lumineux.

Chaque capitale devra vivre en contact direct avec le monde entier, pour que chaque pulsation des diverses parties de la terre y soit rapidement sentie. Bruxelles par un canal projeté, Berlin par un canal projeté, Rome par un canal projeté, et par le Tibre même sans doute, d'après les dernières expériences, vont être ports de mer. Presque toutes les autres capitales le sont déjà. Il faut que Paris le soit sous peine d'appauvrissement intellectuel et matériel. Que la France ne soit pas comme cette noblesse espagnole, menacée de s'anéantir dans l'orgueil. Il n'est que temps d'aviser.

Les idées sont plus larges dans les ports de mer ; l'horizon c'est l'univers ! Paris a un esprit de clocher. D'un côté son boulevard, qui lui fait si souvent des grands hommes avec de futiles esprits nuisibles, d'autre part son doctrinarisme académique le tueraient. Il faut découvrir et combler ces ornières d'infatuation et de timidité, sinon nous nous laisserons dépasser. Regardez l'Angleterre et son esprit organisateur, agissant avec tant de tenacité. Il faut que la France soit organisatrice et opiniâtre.

II. — L'assainissement, l'agrandissement de l'esprit serait le premier résultat de cette ouverture sur le monde. Le sérieux de l'éducation de la vie, augmenterait aussi le sérieux de l'œuvre. Paris est trop un salon.

Un autre avantage serait le gout colonial qui manque à la France depuis que la propriété répandue y a fait beaucoup d'heureux. Certes, il faut se féliciter de ce résultat, mais il faut trouver d'autres moyens que les misères d'autrefois pour pousser à cet esprit de colonisation, que leurs impuissances toujours présentes inspirent aux autres peuples d'Europe. Le dénuement leur serait force, le bien-être nous serait faiblesse. Veillons. Depuis que j'ai écrit ces lignes la misère a augmenté. Elle rend la France plus prête aux grandes entreprises extérieures.

Petites par elles-mêmes, les nations de l'Europe se grandissent par leurs colonies ; elles voient croître leurs facilités d'échanges, leurs richesses, leur puissance. Il en sera, dans un temps assez court, des peuples sans colonies, comme de ces petites maisons de commerce de Paris forcées de fermer devant les bazars colossaux, qui accaparent la fortune publique. Les pays à colonies ruineront les autres.

III. — Au point de vue de la politique intérieure, il importe, également que Paris soit Port de mer. Les villes maritimes ont cette puissance d'énivrer d'air voyageur et des curiosités du loin. Paris en éprouvera les bienfaits. La mer,

le bateau, seront le déversoir naturel de toute la partie vaga-
bonde ou aventurière, et du trop plein souffrant de la vaste
cité. Qui n'a pas à manger s'embarque. Le paresseux y prend
le goût du travail, le pauvre y trouve la vie. On s'instruit, on
se moralise. Tout ce qui hésite entre le bien et le mal se sent
là un débouché. S'il est une ville qui a besoin de n'avoir
dans son sein que la partie digne et laborieuse de sa population, c'est la capitale de la liberté.

Paris trouvera là un équilibre inconnu. Pénalité morali-
satrice : l'embarquement des désœuvrés volontaires, qui,
demain peut-être, seraient les criminels.

Au point de vue économique, l'avantage n'est pas moins
grand. L'Amérique, l'Australie, l'Afrique, la Chine et l'Inde,
dans un temps donné seront les marchés de l'Europe. Par
la communication maritime, les vivres arrivant directement,
seront à plus bas prix, le travail général sera plus continu,
le cercle des opérations parisiennes s'étendant à tous les peuples. La vie à bon marché permettra le travail à bon marché.
Il faut arriver là pour que la France puisse supporter la
concurrence avec les pays où la main d'œuvre est moindre.
Les questions de salaires ne sont pas seulement des questions de vie intérieure, elles sont et elles seront tous les
jours davantage des questions de vie nationale. Notre commerce à l'étranger baisse. Le prix des salaires est appelé à
s'équilibrer dans le monde entier, comme entre les entrepreneurs d'une cité. C'est l'effet nécessaire du libre échange.
Paris étant port de mer on vivra mieux et à meilleur marché.

IV. — La vaste plaine qui s'étend après St-Denis, est le
lieu favorable pour établir les habitations du peuple maritime de Paris, et les immenses docks indispensables. Peu de
dépenses d'ailleurs ! le terrain est plat, livré aux cultures.
On pourrait procéder sans retard à l'achat de ces terres pour
les avoir à vil prix. Depuis que j'ai écrit ces lignes, ce terrain a augmenté de prix sans doute, mais il est encore abordable pour cette opération nécessaire. On étagerait une suc-

cession de docks au-delà de Saint-Denis, à partir du bord
même de la Seine, dans l'intérieur des terres, pour les entourer plus complètement de magasins et d'entrepôts. On établirait au moyen de machines élévatoires un courant le plus
vif possible entre ces docks, la Seine et le canal, pour la
salubrité par le renouvellement incessant de l'eau. Un vaste
lac après les docks permettrait l'évolution des navires.

Liez ce projet avec celui que nous donnons au chapitre
suivant, St-Denis se trouvera par la force des choses, être
partie intégrante de Paris. Il ne sera pas seulement le Pirée
de cette Athènes, mais la pointe Nord d'Athènes elle même.

Dans les projets qui ont trait aux modifications des nations,
il faut regarder non le présent, les siècles. Prévoir est plus
que voir. Prévoir est imposé par la nécessité de la durée des
peuples pour qui les siècles ne sont que des années. Un long
dessein, un but lointain, bien net, ordonnent le travail, les
pensées d'une nation. Paris peut-être rapidement tel que
nous le composons, sinon en entier, au moins assez pour
prendre rang. Montrer Paris port de mer à l'exposition
est tentant. Quand tout sera aménagé : Paris pourra
avoir l'énormité et la puissance industrielle de Londres. Le
commerce extérieur, *s'il est strictement honnête*, s'il opère
à prix fixe, à mesure juste, à belles façons, à bonnes qualités, pourra dans le monde entier faire une concurrence amie à
tous les peuples du monde. La priorité restera au plus délicat, au plus loyal dans la fabrication, dans la vente.

L'honnêteté est la plus haute habileté commerciale, en
même temps qu'une qualité morale. On peut dire que les
Anglais qui fournissent souvent bien, ne sont guère honnêtes que par habileté. Ils raisonnent tout. Le vol est le gain
d'un jour, la probité est le gain permanent. Les gouvernants
ne sauraient être trop sévères pour exiger de la nation un
commerce honnête. C'est une affaire de vie et de mort pour
les peuples dans l'Avenir Les gouvernants sont solidaires de
la probité des citoyens. Des pénalités doivent la garantir.

Les nations seront bientôt, avant tout, des maisons de

commerce. La plus probe sera la plus grande, parce qu'elle aura la confiance universelle.

Paris allant du Mont Valerien à Vincennes, d'Issy à St.-Denis avec les moyens de transport multipliés que nous indiquons plus loin aurait toutes les ressources de Londres, son étendue, sa population, ses goûts coloniaux, son commerce L'équilibre moral, l'idéal superbe, unique, la grande vue de l'avenir, et la générosité de la France lui assureraient la primauté. Qui pourrait dire que la nation Française ayant organisé chez elle la liberté et la soufflant sur le monde par la fédération, c'est-à-dire par l'amour, par la paix, et par le progrès ne serait pas la grande nation.

V. — Ainsi le vaste bassin général de réception des vaisseaux serait, nous l'avons dit au-delà de St.-Denis, dans la plaine. On y construirait aussi les Docks de réception des des marchandises, et les grands magasins qui entourent les bassins spéciaux. Saint-Denis serait la pointe du Paris habité, et la plaine encore vide qui y conduit, serait destinée a tous les logements des commerçants, des travailleurs, depuis le cimetière de St. Ouen. On ferait là l'immense quartier laborieux de la marine.

Il ne faut point se faire d'illusion, le transit actuel par la seine est, et sera toujours trop lent et insuffisant. Paris n'est qu'un port de mer pour rire. Il faut Paris directement franchement, superbement, port de mer. L'état actuel a de plus l'inconvénient de défigurer la beauté du fleuve. On le resserre jusqu'à le contraindre à inonder périodiquement ses quais. C'est un état intolérable et dangereux. D'ailleurs un beau fleuve est un des plus nobles éléments de grandeur, dans une capitale. La seine a été plus belle qu'elle ne l'est depuis les resserrements qu'on lui a imposés. Le magnifique bassin qu'on voyait à l'ouest du pont royal est un regret pour les amants de Paris.

VI. — Je dois appuyer sur les avantages de moralité que ce projet assurerait à Paris. Toute cette masse ambiante de jeunes gens qui souvent se perd dans le vice et aboutit parfois à l'assassinat, aurait là un déversoir précieux. Beaucoup pourraient prendre le goût de voir du pays et en même temps, celui du travail sur les vaisseaux.

De plus certains navires pourraient être considérés comme les pénitenciers de jeunes gens qui n'auraient pas commis de fautes graves et dont on aurait tout lieu d'espérer le retour à la bonne conduite. Ces maisons de corrections flottantes vaudraient mieux que les nôtres.

La moralité des demi-vagabonds qui jette tant de honte sur notre cité, pourrait ainsi être améliorée par le Paris port de mer.

VII. — Enfin pensons profondément que l'on a besoin désormais du monde entier.

Ne croyons pas échapper à toutes ces fatalités. Elles pèsent sur notre univers. Une vérité terrible domine ces problèmes que l'on ne peut approfondir sans un douloureux effroi. Le nombre des hommes augmente sans cesse, dans des proportions considérables, avec une rapidité effrayante. On ne peut s'empêcher de penser que si la science de la chimie ne découvre par un art d'alimentation, si elle ne vient pas en aide à la nature ; la terre ne suffira pas à nourrir les hommes. Donc utilisons la totalité de la terre tout d'abord.

CHAPITRE II

CANAL DE PARIS A LA MER

CANAL DES DEUX MERS

I. — Pour les canaux le vrai principe est le passage à niveau.

La seine est un fleuve des plus sinueux, son parcours est énorme. La canaliser serait se condamner à tant d'écluses et à tant de longueurs de temps qu'on perdrait le bénéfice de Paris port de mer. Couper par ligne droite au moyen d'un canal entre chaque contour, c'est tomber dans la nécessité des écluses nombreuses. On devrait donc tout en se servant le plus possible du lit de la seine ne pas hésiter à faire des canaux d'un long cours comme de l'embouchure de la seine, vers Elbeuf par exemple, de St.-Denis vers Meulan en fermant les deux grands circuits intermédiaires vers les Andelys et vers Boussières. Cette simplification générale n'est pas un tracé, elle indique seulement qu'on pourrait arriver à faire un canal presque direct où cependant la Seine jouerait encore un rôle assez important. Du reste il y a déjà de beaux projets. Mais la règle est : Le parcours le plus bref possible. Pour moi je préférerais un canal direct.

Les ingénieurs ont la parole. N'oublions pas que Léonard de Vinci qui creusa les canaux de la Lombardie, Lesseps qui perça celui de Suez n'ont jamais été des ingénieurs et n'ont pas eu les connaissances spéciales.

Ces grands travaux sont fils du génie d'entreprise, du tact, du sens pratique, du caractère audacieux, bien plus que du savoir du spécialiste souvent intimidés par des préjugés.

Les spécialistes n'y sont que de légitimes sous-œuvres, à moins qu'ils ne soient en même temps des génies inventeurs ; ce qui se rencontre.

La France, une partie du moins, comme les peuples qui se sont trop engourdis sous le joug et le néant théocratiques, est parfois paralysée par une sorte de timidité. L'Italie, l'Espagne en sont mortes. Ces pays ne se relèveront qu'au fur et à mesure qu'ils rompront leurs vieilles attaches autoritaires pour tout demander à la science, à la Méthode, et rien qu'à la Méthode et à la science. Quand tout se hâte autour d'elle avec les fièvres de l'envie impitoyable, la France doit se réveiller sans perdre une heure. Qu'elle regarde sans cesse la statue gigantesque de la Liberté, veillant sur l'Exposition, que je voudrais voir placer au bout de l'île des cygnes et qui éclairerait le Trocadéro, le champs de Mars, la Seine par l'électricité, qu'elle s'enthousiasme à la contemplation de l'esprit d'entreprise américain qui en cent ans à fait d'une colonie à peine ébauchée une nation rivale des plus grands peuples.

Là les inventions s'appliquent avec une telle rapidité et une telle décision qu'on à peine à les suivre.

Que notre pays ait présent ce grand exemple ; tous les projets que nous proposons dans ce volume, et celui de Paris port de mer lui sembleront choses simples et qui doivent se réaliser sans aucun retardement. L'Américain ne dit pas : demain, il dit : sur l'heure ; et c'est fait. De la décision, chers Français, voilà ce que je vous demande. L'État de la science et les conditions qu'elle fait à la vie l'exigent également. L'indécis mourra.

II. — Un immense avantage de Paris port de mer, c'est que la marine y prendra pied sans cesse, qu'elle ne sera plus reléguée au loin ; qu'elle pourra parler ; qu'on en connaîtra les mystères.

Des malversations inouies, a-t-on dit, compromettent la puissance de la France. Les réformes seront enfin imposées par l'opinion publique éclairée. Elles deviendront faciles.

L'Amérique a un profond mépris pour l'Europe.

Je le partage. L'Europe se traine. L'Amérique a des ailes ; si elle avait l'élévation d'âme et la Justice, quel peuple !

L'Europe pourra-t-elle sortir de ses absurdes luttes intestines, de ses bassesses, de ses envies honteuses, de ses préjugés séculaires?

Une chose m'épouvante, l'éducation étroite et cléricale des hommes, qui par influences, arrivent aux hautes positions et qu'on nomme les gens du monde dans tous les pays.

Tout est faux chez ces inutiles dangereux, dont la fortune le brillant et le vernis apparent, font but pour tout ce qui est inférieur et médiocre d'âme.

L'Amérique, affranchie de notre absurde et souvent hideux passé, pourrait faire ce que nous ne pouvons accomplir; mais hélas elle a les vices effrénés et abaissants de l'égoïsme anglais et le bien restera partout en danger.

La MÉTHODE IMPERSONNELLE OBJECTIVISTE s'enseigne dans l'Amérique. L'aveugle timidité de l'Europe a toutes les réticences. L'audace américaine aura-t-elle l'initiative pratique de cette absolue vérité scientifique? La routine plate et le vice semble pousser au progrès en Amérique? Ce pays a recueilli tous les hardis déclassés de l'Europe. C'est une élite de perversité, mais de force, d'action sinon de vertu. Que de crimes venus avec cette effroyable lie ! elle en souffre déjà et semble près d'y compromettre sa liberté après sa moralité. Cependant tout vit, s'ordonne encore dans ce tour de force d'activité qui est l'Amérique. Combien cet état ambigu durera-t-il ? Avec son orientation nouvelle qui nie son passé, une ère dangereuse s'ouvre. Que va-t-il arriver d'elle ? Elle manque à tous ses engagements, à sa parole donnée, à sa

doctrine de prudence, qui avait un faux air de désintéressement, et qui ne semble plus qu'un calcul.

Elle remplace tout cela par une avidité conquérante qui
pourrait être funeste à sa liberté, comme à la paix de l'u-
nivers.

III. — Quant au canal des deux mers il est devenu de
nécessité absolue pour la défense de la France. La possibilité de faire passer ses escadres de l'Océan à la Méditerrannée est désormais pour elle un besoin de vie. Le développement prodigieux, agressif, je dirais presque scandaleux de
la marine anglaise nous impose ce travail, qui sera d'ailleurs
très utile au commerce de Paris port de mer.

Nous sommes acculés par l'Angleterre et les nécessités
commerciales à creuser ce canal. On peut se rendre d'ailleurs
facilement compte de la richesse qu'il apportera dans les
région traversées.

IV. — Nulle hésitation n'est donc possible pour ces deux
projets. Leur réalisation doit être immédiate. Regardez Gibraltar, vous commencerez demain.

Ces projets sont si connus et adoptés depuis longtemps
par l'opinion, qu'il suffit de les rappeler.

Mais que la France porte son attention sur la Corse que
les Anglais visent avec un cynisme impudent.

Le canal des deux mers serait en péril, notre pays y serait
avec lui.

Nous devons sans tarder faire une Malte française de la
Corse, ou l'Angleterre la fera. La France deviendrait sa pri-
sonnière comme l'Espagne. Monsieur de Freyssinet et Monsieur Lockroy doivent se hâter. Les Anglais ont encore un
autre but ici, posséder l'île ou est né Napoléon, l'île ou il est
mort ! Quel triomphe pour leur vanité forcenée.

CHAPITRE III

NÉCESSITÉ DE L'ESPRIT DE SUITE

ET DES VOYAGES

I. — Il n'y a que les peuples aux longs desseins qui ont une politique fixe et une plénitude de vie.

Changez le Pape, la politique de l'Eglise varie de forme, mais reste identique au fond. Changez les Rois, les Ministres d'Angleterre, Tories et Whigs, comme Pie IX et Léon XIII ont le même objectif. Changez les Empereurs de Russie leur but est analogue, c'est un héritage. Changez les rois Allemands l'envie universelle et le vieil empire romain restent le point visé.

On n'a l'esprit de suite que l'orsqu'on a un idéal très net, très ferme.

L'Eglise a pour objectif le monopole des biens par les âmes ; l'Angleterre le monopole du commerce ; l'Allemagne sa tache d'huile et l'empire ; la Russie la Méditerrannée et l'Orient. Tous ont un but égoïste, mais qui les rend tenaces, perspicaces, rapaces, ne perdant jamais un pas en dehors de leur dessein. Tout ce qui ne leur sert pas, leur nuit. Ceux qu'ils n'exploitent pas, les exploitent. Il y a entre eux cette différence : l'Eglise caresse l'exploité ; l'Angleterre le méprise ; l'Allemagne le hait.

Seule au milieu de ces vampires de la force, la France n'a pas l'idéal égoïste des conquêtes et de l'exploitation des autres peuples. Elle colonise pour faire des hommes et affranchir ; elle combat dans l'Italie il y a cent ans, hier, c'est pour la faire libre. l'Angleterre, de l'Inde fait des esclaves.

La France vit sans idéal de politique extérieure. Grande faiblesse. Elle n'a pour but qu'une générosité vague. Aussi elle va au jour le jour, sans longs desseins, sans fixité de regard et d'organisation. La politique sans suite, change avec chaque gouvernement, chaque ministre. C'est là que toutes ces puissances formidables attendent la France.

Tremblez, disait hier un Jésuite, nous serons vainqueurs au prochain changement, car nous avons la suite de vues et vous ne l'avez pas. Il disait vrai. France, prends des esprits organisateurs, mais qu'ils aient le caractère ferme et la loyauté. Le manque de suite de la France c'est ce que guettent les Allemands. Ils disent toujours : Nous vous surprendrons de nouveau ; ils s'en vantent. C'est leur génie ; c'est celui de tous les peuples voleurs.

Un Anglais me disait : « Nous sommes charmés que vous « fassiez des colonies en Cochinchine et ailleurs. A la premiè- « re guerre Européenne, elles seront à nous» ! Quand Lesseps perçait l'isthme de Suez, je lui dis un jour : « Savez-vous « pour qui vous travaillez ? » — Pour la France, me répondit-il. — Je me contentai de répartir : « Dans vingt ans l'Angleterre aura l'isthme». Elle l'a eu. Le lui laissera-t-on ? C'est impossible. De même, il est impossible de lui laisser Gibraltar. Dans l'ère commerciale qui s'ouvre, il faut que les canaux de passage maritimes soient à tous.

Il nous faut donc pour l'avenir l'esprit de suite, la pensée à très longue portée, une politique fixe, devenant traditionnelle, s'imposant à tous les partis, et suivies par des caractères virils et tenaces.

Je renvoie cette question trop complexe pour ce volume aux autres livres de la *Transformation des Sociétés de Foi en Sociétés de Science*. Je me contente d'appeler ici l'attention sur elle et de montrer qu'il est nécessaire d'avoir une politique extérieure tellement définie, fatale, tirée de la situation même de la France, que les ministres de toutes les opinions soient obligés de la suivre, sous peine d'être des traîtres à la Patrie.

Paris, âme de la France par ses délégués, par les enfants de toute notre terre qui l'adoptent pour terre natale, doit prendre cette grande tâche. Paris port de mer, la pourra mener à fin. Paris ne sera plus la ville d'entre terres, la ville de clocher, vivant sur elle-même, dépensant son génie pour elle-même, ce qui fut une des causes de mort de la Grèce. Il sera la Ville Universelle et comprendra son but nécessaire : CRÉER L'ÈRE DE LA SCIENCE.

Regardant l'Afrique, l'Océanie, l'Asie, l'Amérique, il saura dire à ses ministres : Voilà les contrées qu'il faut arracher à la barbarie, voilà le plan colonial que les siècles doivent suivre. Depuis que j'ai écrit ces lignes, on est entré dans cette voie; mais la civilisatrice France doit savoir se défendre avec la même vigueur que l'exploiteuse Angleterre. La grandeur ou la faiblesse, peut-être la vie ou la mort de la France, sont dans ces conseils. Il y a d'aveugles ou de mauvais citoyens qui attaquent l'armée. Mais elle n'a jamais été plus indispensable entre les deux fauves, agresseurs séculaires, que démasquait déjà Philippe-Auguste. La nécessité des colonies l'impose également. L'esprit colonial nous épargnera la guerre civile. D'ailleurs l'armée c'est tous. Et tous seront unis quand on se sentira protégé par une puissante politique extérieure à idéal fixe, et par la loyauté des représentants.

Par le projet de Paris port de mer, les officiers, les matelots, toute la marine viennent prendre pied au cœur de la France, on passera aux colonies, on vivra avec elles d'une même vie. On saura ce qu'on ignore ; on portera remède aux abus ; on parera aux faiblesses ; on déjouera l'Angleterre pour qui la paix n'est qu'une guerre sans parole et sans canons.

Le langage officiel auquel nul parti n'ose se soustraire, hélas ! couvre tout, non seulement dans la diplomatie, mais dans les relations sociales. On parle des choses d'une façon convenue, non selon ce qu'elles sont. On dirait qu'on entend le style des oraisons funèbres d'autrefois. Ce baragouin officiel, règne aux académies, aux chambres, aux administrations. Hypocrisie acceptée, cant indéracinable et funeste.

Un autre grand avantage : On prendra le goût des voyages, à l'étranger et aux pays lointains.

J'appelle l'attention sur cette nécessité : les voyages à l'étranger; non seulement pour les arts et les sciences, comme je l'ai dit plus haut, mais pour le commerce l'industrie et la dispersion de la langue et de l'influence françaises.

Aller de Montmartre au Panthéon et aux écoles, des Gobelins à l'École des Arts-et-Métiers est absolument insuffisant. On vit sur soi-même. C'est trop peu. Il faut connaître les inventions des autres peuples, les copies qu'ils font des nôtres et par lesquelles ils enlèvent à la France son commerce et sa richesse légitime. Les plagiaires c'est l'armée des lâches. Ils sont partout.

Si les écrivains démarqueurs d'idées abondent, nous sommes pour l'industrie, le commerce et aussi les lettres, les sciences, entourés de peuples démarqueurs.

Par les voyages on apprend pour le commerce, à connaître avec précision les désirs, les goûts, les besoins des diverses contrées. De là une initiative nouvelle donnée à nos fabrications et à tout le travail de l'intérieur. On revient ; on voit : si l'on fait moins bien, on corrige ; si l'on fait mieux, on s'applique à perfectionner, et l'on jouit du triomphe loyal de la Patrie. Croyez-vous que des fabricants, des ouvriers ayant été un certain temps en Perse, dans l'Inde, en Chine, au Japon, n'en apporteraient pas de grands progrès pour nos fabriques. Il est l'heure de s'en occuper. Le partage de la Chine s'opère. Pas d'orgueil, pas de vanité, nous avons besoin de progrès. Croyez-vous qu'un voyage en Amérique n'apprendrait pas, à beaucoup, l'esprit de décision, l'esprit de défrichement de nos terres improductives ? etc., etc. En Chine, dans l'Inde, vous apprendriez autre chose. La Russie ne tient-elle pas de la Perse le cheval d'or qu'on avait déjà là-bas au poème d'Antar ?

Il est urgent, sans attendre le port de mer, de créer un office colonial où tous pourront se renseigner sur les produits, les denrées, les richesses, les difficultés, les dangers de toutes les colonies. On y doit parler avec la plus stricte exactitude, sans réticence, sans rien céler. Cette institution existe à Londres, en Belgique. Elle doit beaucoup développer le goût des installations commerciales aux colonies. On connait l'organisation de ces offices. L'Allemagne a plusieurs musées coloniaux. Avant la guerre, nous avions une exposition coloniale permanente; on y a ajouté un bureau de renseignements. Il existe aussi quelques compagnies qui ont le même but. L'office colonial à fonder doit avoir une portée absolument générale et ne rien laisser ignorer. Il faut qu'on puisse faire son plan d'avance. C'est l'application de l'esprit de suite. Ne parle-t-on pas de le mettre au palais Royal? C'est une heureuse idée pour cette belle place saint Marc injustement abandonnée et si triste aujourd'hui, après ses longs triomphes.

II. — Notre marine se meurt d'abus sans nombre et séculaires. Qui sera Jean Bon Saint-André? Est-ce Monsieur Lockroy? Il semble le tenter; qu'il porte une main de guérisseur à cet état de choses? La France est en danger. Nous le voyons aujourd'hui enfin. Paris port de mer nous aurait épargné sans doute les insolences anglaises. On verrait à toute heure ces secrets qui expirent comme l'écume des flots à nos frontières. Paris port de mer nous dirait tout face à face.

Nos colonies comme notre marine sont en péril. Quand on parlera tous les jours à Paris, avec ceux qui en arrivent, rien ne sera caché. On ne sait pas, on saura. Les réformes seront imposées. Londres port de mer éclaire sans cesse les Anglais sur leurs possessions. Ils vivent avec elles, ils leur parlent.

Des officiers de vaisseaux sont-ils vraiment aptes au commandement des colonies? N'est-ce pas là un militarisme mal entendu? On ne fait pas les colonies par le militarisme, mais par le commerce. Dupleix le savait. Le militarisme ne doit servir qu'à les protéger.

Tous les esprits restrictifs et étroits qui se satisfont du faux ordre du christianisme, du militarisme, des fonctionnarismes, des dogmatismes, tuent les colonies françaises, comme ils ont tué les colonies espagnoles et portugaises. Il n'y a que les peuples qui procèdent par le commerce et les échanges qui font des colonies. L'Angleterre ne fait pas de colons, elle fait des esclaves ; mais elle commerce et ainsi se sauve. Qu'on soit bien persuadé que le trafic est la base et les Français avec leur bonté simple seront les amis des colons. Pas d'exploitation coupable. Tout exploiteur doit être banni; c'est un malfaiteur public.

Il faut que le commandement des colonies et leur direction passent au ministre du commerce et quittent le ministère de la marine et de la guerre. C'est une compagnie commerciale, la Compagnie des Indes, qui a fondé la plus grande colonie qui existe au monde. Le ministère du commerce, faisant tout en vue du trafic et des échanges, garantit l'ordre qu'il faut aux transactions honnêtes. Les ministres de la guerre et de la marine doivent s'entendre avec lui, se subordonner à lui ; car il doit garantir en même temps la protection légale sans laquelle il n'y a point ni commerce, ni entreprise industrielles, ni percement de ponts et de routes. En un mot, il crée les éléments vitaux des colonies. On ne trouve cette compétence dans aucun autre ministère.

L'esprit militaire est excellent sur les champs de batailles ; mais absolu, il est l'inverse de la liberté, de la garantie légale, il est le : Je veux, aveugle et le sabre gouvernant. Rares sont les officiers qui ont l'esprit d'organisation, de gouvernement. Certes pour commencer une colonie il faut l'esprit militaire surtout quand il est doublé d'une haute intelligence comme celle d'un Bugeaud, d'un Galliéni. On doit avouer que si l'on a un certain nombre d'hommes de cette valeur, il y a aussi bien des Mac-Mahon magnifiquement courageux sans doute, mais sans puissance d'organisation. Il faut des organisateurs doués de caractères fermes et de haute probité, sans fourberie.

III. — Il nous reste à dire que le *canal des deux mers* est une nécessité absolue pour la France industrielle et coloniale aussi bien que pour la France militaire. Il faut que la Patrie soit libre chez elle de ses mouvements ; donc c'est un besoin d'existence qu'elle puisse à son gré faire passer ses flottes de la Méditerrannée à l'Océan et l'inverse. Le canal est aussi nécessaire au commerce qu'a la défense. Les ministres de la guerre, du commerce, et des colonies, ont le *devoir de l'imposer immédiatement*. J'appelle l'esprit organisateur de M. de Freycinet sur cette question, qu'il ait la fermeté nécessaire, et marche sans ambages. Nul doute que le canal soit immédiatement voté par les chambres *dans les circonstances présentes* ; car, hélas, il faut de l'émotion à la nature Française pour agir ! Je pense qu'on doit profondément regretter aujourd'hui que ce canal n'ait pas été creusé depuis longtemps.

La leçon est reçue ; quelle profite.

Disons enfin que l'étang de Berre près Marseille doit être un grand arsenal maritime. La Méditerrannée va devenir l'océan de combat. Toulon est insuffisant. Il faut que notre midi soit protégé comme nos rivages de l'Ouest. Ils ne le seront jamais trop, Il ne faut pas moins protéger la Corse et l'Afrique. Tout cela est de nécessité première.

IV. — Il y a certes bien d'autres réformes urgentes à accomplir. Un grand nombre sont déjà demandées par des esprits pratiques, prévoyants, élevés. Mais j'appuie sur les ports militaires d'Alger, Bizerte, et autres en Afrique, en Corse, en France. Il y a urgence.

Pour la prospérité intérieure il faut la réforme générale des impôts, la suppression des octrois, l'exploitation des mines françaises, le reboisement des montagnes, le dessèchement des marais ou leur culture en rizières dans les pays assez chauds. L'Exploitation des phosphates algériens dont s'emparent les Anglais, réforme déjà demandée par le sénateur Pauliat, qu'on devrait mettre à la tête de cette Algérie tourmentée. Je m'arrête, me contentant de dire que nombre d'esprits élevés dans des camps divers préconisent beaucoup de ces réformes sages.

Ce livre s'adresse à tous les partis et à tous les hommes de toutes les opinions qui veulent le progrès industriel commercial, agricole, intellectuel et moral de la France, le travail, la probité des petits et des puissants.

V. — Il faut la paix entre les Républicains ou tout va sombrer. Une dictature de quelque côtés qu'elle vienne et elle menace de toutes parts, perdrait la Patrie en même temps que la liberté. Je n'accuse personne ; Je dis seulement que la dictature est la pente fatale où sont entrainés tous les partis même contre leur gré, après *une ère de rationalisme*. Les mieux intentionnés y tombent malgré eux-mêmes. Ce n'est pas la vague fatalité antique, c'est une fatalité de situation et de Méthode. On ne pénètre pas encore ce grand secret de la vie des peuples. Désastreuse lacune.

Au moment ou l'on passe son temps à se couvrir de boue et d'injures, hélas trop méritées souvent, je crois patriotique et utile de rappeler la France à elle même. Les autres nations ne pensent qu'à leur agrandissement commercial et toutes marchent à grands pas décisifs. Nous nous disputons ! Elles profitent de nos querelles misérables, qu'elles excitent pour mieux pêcher à leur aise.

Chers Français, qui avez au cœur l'amour de la Patrie, je fais appel dans ce volume à vous tous. Agissons ! Nos ennemis agissent avec une célérité terrible. Ne soyons pas hypnotisé par une affaire qui n'est qu'un prétexte à nous empêcher d'agir et à détruire nos forces vives.

Il faut nous organiser ardemment pour la défense, il faut nous organiser énergiquement pour la paix intérieure.

Tout Français qui la trahit, tout Français sans conscience est criminel.

On devrait avoir le sentiment de la situation que fait le

Rationalisme à la France qui veut vivre par la liberté bienveillante pour tous les peuples.

La critique de cette situation n'est pas nouvelle. De grands esprits l'ont faite en partie depuis longtemps, mais sans trouver la cause première du mal et par conséquent le remède. Ont-ils réussi ? Faute d'avoir su remonter au principe de tous nos maux, de toutes nos impuissances, *qui est la Méthode et le critérium*, ils sont tombés, ou restent confinés dans une espérance, qui n'a rien réalisé et ne pourra rien faire.

Les saints simoniens, le grand Fourier on fait des critiques profondes et vraies. Ils ont prouvé l'insuffisance de tous les partis politiques pour arriver à guérir les maux des sociétés. Mais ils n'ont pas eu la puissance d'établir *l'ordre libre*. On doit aux saints simoniens l'idée du canal de Suez que Lesseps a mise en œuvre, mais malgré leur génie pratique le saint simonisme a sombré. Le Fouriérisme survit défendu par des esprits éminents MM. Alhaiza, Laviron et tant d'autres encore. Mais qui semblent redouter non sans raison la pratique s'équilibrant d'elle même et par nécessité logique.

Il faut pourtant que toute théorie arrive à se pratiquer ; car c'est là seulement vivre. Le Fouriérisme laisse des traces de génie indéniable dans l'association et l'attraction remplaçant le salariat. C'est avec admiration et bonheur qu'on contemple ces résultats superbes ; mais de là à renouveler l'ordre social entier, il y a loin et l'équilibre des passions par elles seules sera insuffisant pour ce grand résultat, Fourier ne dépasse pas le rationalisme. Là est sa faiblesse, mais sa puissance est indéniable.

La Raison va-t-elle finir dans la boue et dans le sang comme elle a fini par Robespierre, le directoire et Napoléon? C'est une fatalité logique à laquelle on ne peut échapper. Napoléon recommença l'ère de la Foi, qui elle aussi finit dans le sang et dans la boue ! Autre fatalité logique que j'ai prouvée être à la fin même de toutes les Fois. Le double jeu de ce pendule terrible c'est ce que j'ai appelé la Loi de l'histoire. L'équilibre n'aura lieu que pour la négation des *Fois* et du *Rationalisme* et leur remplacement par l'*Impersonnalisme*.

CHAPITRE III

MOYENS DE TRANSPORT

Croirait-on aujourd'hui que sous Louis XIV il circulait à peine quelques centaines de carosses dans les rues de Paris?

La République à fait beaucoup en organisant les tramways, les omnibus monstres. On va en installer à dix centimes, les ouvriers peuvent au moins voyager sans dépenser une grosse part de leur journée souvent minime. Grand bienfait moralisant comme tout ce qui assure le gain et l'indépendance du faible, l'automobile ouvre un avenir.

Mais le Paris de demain, celui d'aujourd'hui demandent de nouveaux progrès. Londres est admirable, New-York vertigineux avec ses *élévated Railway* qui transportent 100.000 voyageurs par jour.

Les voitures y évoluent plus rapides qu'a Paris ; les chemins de fer, les tramways à vapeur sont partout. Les voilà chez nous encore rares.

Il faudrait calculer un réseau nouveau sur le développement certain que Paris atteindra d'Issy à St.-Denis, du Mont Valérien à Vincennes et à Charenton.

On établirait donc un chemin de fer de grande ceinture passant par St.-Denis, Asnières, Courbevoie, le Mont-Valérien, Issy, Charenton, Vincennes, retournant à St.-Denis.

Ce chemin aurait des points de communication avec le

chemin de ceinture actuel à tous les orients de Paris, soit une branche à toutes les barrières.

De plus les tramways à vapeur partiraient de tous les points extrêmes pour s'avancer le plus profondément possible dans Paris, comme la ligne de Courbevoie qui devrait monter jusuq'au rond-point à la porte d'entrée de la voie triomphale. Depuis que j'ai écrit ces mots, on a commencé cette œuvre sur certains points. Il la faut compléter.

Un chemin de fer partirait du centre de Paris, les Halles, si l'on veut, et, jetterait ses branches aux fortifications.

Comment le comprendre ce chemin de fer? Le problème est difficile.

Jusqu'au jour ou Miron fit sous Louis XIII empierrer les ruelles de Paris, il n'y avait de pavé qu'une grande croix qui partant du Louvre jettait ses quatre tiges aux extrémités, suffirait-il dé renouveler cette croix en voies ferrées? Non. Il faudrait au moins aller à toutes les grandes gares, à toutes les barrières.

Pourrait-on construire aux bords de la Seine un double rail aboutissant à la halle agrandie jusqu'au quai son naturel et logique port?

Depuis que j'ai écrit ces lignes, on fait venir le chemin d'Orléans jusqu'a la rue du Bac. Il y a bien des difficultés. On les surmontera j'en suis sûr.

On rétrécit vraiment trop la Seine? On lui ôte de sa beauté par des remblais d'un fâcheux effet?

Un chemin au-dessus des maisons est-il pratique, plastique? les chemins aériens de New-York passent pour gracieux, c'est possible. Ce péril suspendu, écrasant, à l'œil nu ne pourrait-il être évité?

Le mieux serait peut-être de percer des rues spéciales pour ce chemin de fer. Il transiterait à mi hauteur des maisons. Un système suivi de passages vastement ouverts, pleins de boutiques engagés comme sous le chemin de Vincennes, pourrait rendre doublement utiles les voies de ce tracé. Paris n'a pas un seul beau passage. Ce serait une occasion de lui en créer de magnifiques. Enfin des ponts sveltes et élégants, en fonte seraient jetés sur les voies traversées. Ici les niveaux sont une très grande difficulté à peu près de tous les côtés, car Paris est la ville aux sept collines, ne l'oublions pas. Ces obstacles ne sont pas invincibles et cet exposé fait voir qu'on peut arriver à une solution tout à la fois esthétique et pratique.

On pourrait d'ailleurs empêcher le bruit soit avec des roues cerclées de caoutchouc, soit comme au chemin de Vincennes et l'on éclairerait les passages par les côtés, en haut, a l'électricité, s'il fallait.

En tous pays on essaie des wagons plus commodes et plus sûrs. Le gouvernement qui a des traités avec les chemins de fer pourrait parler. Il se désintéresse. Les particuliers subissent toutes les gènes sans rien dire. En France on ne se plaint que lorsqu'on est en colère, sinon le doux cœur Français accepte. Fâcheuse incurie qui en toutes choses fait pousser les situations à l'extrème. C'est là le secret de beaucoup de nos révolutions. Veillons, prévoyons, allons au devant des difficultés et des besoins. Soyons attentifs et fermes pour nos droits.

CHAPITRE IV

MOYENS DE SECOURS

Les incendies sont fréquents à Paris. Trop souvent ils aboutissent à des sinistres complets. De récents exemples serrent encore le cœur. On croirait qu'on ne connait pas les feux électriques soudains et qu'on n'est organisé que pour éteindre les feux de cheminées. Que manque-t-il donc ? le zèle et le courage de nos pompiers sont à la hauteur de toutes les difficultés.

Tout le monde connait l'organisation des pompiers de New-York. Ici nous n'avons pas à inventer il n'y a qu'à s'inspirer ; Là semble être la perfection, qui pourtant n'empêche pas les désastres parfois, tant il faut être attentif et prévoyant contre ce fléau.

En six secondes les pompes sont attelées et prêtes à partir, en une minute 47 secondes après le signal elles sont sur le lieu du sinistre. Le feu est encore parfois plus rapide.

Tout monument public, surtout les monuments de l'art et de la science, doit avoir un poste de pompiers annexé. Aux surveillants de ces édifices, on doit adjoindre un pompier de garde et de ronde. Ces hommes expérimentés dans l'incendie peuvent prévoir le danger où les autres ne voient rien.

C'est donc un devoir pour les conseils municipaux d'appliquer la perfection américaine. Partout où nous trouvons le mieux, étudions et pratiquons. Ne vivons pas sur nous mêmes dans une ignorance béate. Faisons-nous monter sans cesse le rouge au visage en nous disant, la France est la dernière à l'application du progrès qu'elle propose souvent la première. Les autres peuples ont l'égoïsme national qui rend les particuliers généreux ; la France s'étiole d'égoïsme familial. Fixons sans cesse les yeux sur la statue de la Liberté, la statue de la Décision, qui selon notre projet doit éclairer l'horizon du haut du Mont-Valerien ; disons-nous : les peuples font des progrès rapides surtout autour de nous. Rejetons la vieille bonhommie et les antiques engourdissements de la France. Aujourd'hui il n'y a plus qu'un mot d'ordre : MÉTHODE, SCIENCE ET ACTION !

TITRE CINQUIÈME

PARIS PITTORESQUE

CHAPITRE PREMIER

LES PANORAMAS DE PARIS

Paris peut comme la Rome antique se nommer la ville aux sept collines.

Cinq au moins de ces monts ont une vue admirable, qu'il importe de mettre dans le plus beau relief. Les panoramas sont des richesses pour les cités. Quelques unes leur doivent le renom. Si le parc de Saint-Cloud n'avait sa vue splendide de la lanterne, il serait amoindri.

Le panorama du Mont-Valérien, le plus vaste, relégué hors de toute voie est perdu.

Celui du Trocadéro est détruit par la place qu'on a donné au Palais et l'abaissement exagéré de la colline.

Celui du Mont des Héros (dit Buttes-Chaumont) est amoindri et ce qui reste est incomplètement utilisé.

Celui de Mont-Martre est méprisé, détérioré, par l'abaissement de la butte pour la construction de l'Église.

Celui de Mont-Souris le plus insignifiant est le seul dont on ait tiré parti, à peu près.

Celui de la Montagne Ste-Geneviève ne se voit que du haut du Panthéon.

Celui du Père La Chaize ne peut se saisir qu'entre des tombes.

Tout ce que la nature a fait pour Paris est comme volontairement anéanti. Du Bois de Boulogne on ne voit même plus le Mont-Valérien. C'est le contresens du beau.

Il faut que les Parisiens, que les étrangers jouissent de ces nobles spectacles. Les Panoramas de ville sont la poésie de la Patrie vous montant au cœur ; les panoramas de campagne, la poésie de la nature pénétrant l'âme. Il est sain, élevant pour l'esprit de les contempler, de s'en imprégner, même à son insu. Que d'inconscients en seront saisis, et, sans s'en apercevoir, aimeront d'avantage la France et sa capitale en la trouvant si belle. Paris n'est pas que sur le boulevard ; il faut que les étrangers le sentent, que les buveurs de bocks l'apprennent. Les panoramas y aideront beaucoup. On ressent ces émotions à Rome, à Naples. Les habitants en sont justement fiers. Nos édiles cherchent trop à faire de Paris, une plaine. C'est lui enlever beaucoup de beautés.

CHAPITRE II

LE MONT VALÉRIEN

ET LE BOIS DE BOULOGNE

I. — Qui a été au Mont Valérien ? Qui connait son admirable panorama ? Quelques graves penseurs, quelques rêveurs artistes, les soldats du fort, les espions étrangers surtout.

Le Bois de Boulogne est le trait d'union de Paris au Mont-Valérien. Parlons d'abord du Bois, par lui nous remonterons à la colline.

Qui a vu le parc de Windsor, Virginia Watter, la Forêt de la Haye et se promène au Bois de Boulogne, est près d'avoir pitié. C'est un maquis. Petit dessin, petits arbres, taillis presque universel, encombrement laid, dangereux, recélant les rodeurs.

Le lac, charmant pour réfléchir un palais, est mesquin pour la majesté d'un bois ; ses iles trop longues en font, non un lac, une rivière qui se perd sous le sol.

Les allées sont trop étroites. L'on s'en aperçoit péniblement les jours de fêtes, de revues, de courses, qui sont la gloire de cette forêt civilisée.

Pour les points de vues, le Bois est mal organisé. Du cèdre on avait une jolie échappée, déjà trop étranglée, sur

Boulogne ; d'un endroit perdu vers le cercle des patineurs on avait une agréable perspective du Mont Valérien ; de la Muette on avait une entrée du Bois admirable, la seule ; on bouche tout impitoyablement. Après la guerre nous avons écrit pour que l'on conservat la vue des collines d'Issy. On l'a fait en créant le champ de course d'Auteuil et nous nous en félicitions. Depuis que nous avons écrit ces lignes on a caché la vue de Boulogne, celle des collines d'Issy, celle du Mont Valérien.

Rien ne remplace les belles vues. Il en faut surtout dans les belles promenades des villes où le large horizon semble élargir les poitrines. On monte tous les jours les rampes dures du Pincio pour jouir de son panorama. Le lac est sans vue et sans ombre. Aussi a-t-il été délaissé pour la vieille avenue des accacias aux arbres trop vieux et qu'on ne remplace pas d'une façon intelligente. On doit renouveler les accacias si ravissants avant leur vieillesse, qui est horrible comme celle des adorables oliviers.

Un bois, une forêt sont des murs, si l'on ne sent pas qu'au bout il y a la contemplation de l'espace, du ciel, de la montagne, des courbes charmeuses des collines, des ondoiements des prés verts. Cette contemplation c'est, pour l'esprit, le repos des masses de pierre qui sont les villes ; c'est pour le corps et la tête une détente salutaire.

On pourrait créer un grand lac nouveau allant vers Longchamp et se raccordant avec celui qui existe. Il faut qu'il soit placé de façon qu'on y ait facilement des échappées sur les pelouses de Longchamps et sur le Mont Valérien qui sont les vrais horizons du Bois. Il doit être creusé entre le grand lac actuel et la cascade, de façon à se relier au petit lac qui la domine. De ce point, un peu élevé par rapport aux rives de la Seine, on peut facilement par des tailles habiles, par des pelouses ondulées et discrètement, habilement coupées de bouquets d'arbres, avoir sans cesse la perspective des prés, des coteaux, du mont délicieux toujours par sa forme admirable. Pour y arriver d'ailleurs on aurait, au lieu de l'allée saharienne du lac actuel, le parcours d'une des plus ombreuses et des seules futaies du bois, celle qui entourent le pré Catelan. Ces allées que les promeneurs paraissent aimer restent secondaires ; elles deviendraient facilement de premier ordre. On ferait le tour par l'allée des acacias le nouveau lac et l'ancien lac. La promenade s'embellirait.

Le nouveau lac serait vaste sans encombrement de petites iles qui en détruisent l'effet. Autour, et pour y arriver, de larges avenues plantées d'arbres capables de devenir gigantesques, haut taillés pour qu'on puisse voir loin sous la futaie majestueuse. Des déblais, on fera autour du lac des mouvements de terrains qui l'encaissent. Un lac en contrehaut est d'un illogisme choquant et qu'il faut corriger au bois.

Ce qui manque aux jardins français datant du dernier empire comme à ceux de Louis XIV, c'est la poésie. Les parcs étrangers en ont, mène le petit square d'Anvers. Les nôtres n'ont pas la rêverie ; ils ne sont pas composés avec une conception dominatrice de l'ensemble. Ils ne représentent pas une idée, une émotion ; c'est une prose. Ils sont comme dessinés par morceaux. C'est un emcombrement de massifs bouchant tout. Il faut des artistes, paysagistes savants, pour mettre la pensée dans les arbres, et, qu'on l'entende, dans chaque groupe d'arbres. Il fallait consulter Corot, Rousseau, et nos grands paysagistes quand on a fait le bois. Alphand n'était pas un poète ce fut le mal. Il a copié. Il a tout rapetissé par des taillis mal en place, presque universels. On continu ces errements et l'on bouche de plus en plus les perspectives. Le bois n'est que fouillis ; faute que commettent nos auteurs romanciers ou dramaturges, otant au drame son ampleur de scènes puissantes se succédant à grands coups subits et croissant jusqu'au dénouement. Jamais ceux qui ont tracé le bois et nos squares n'ont compris la beauté de Windsor qui est la campagne plus que l'œuvre humaine.

Mêmes fautes aux Champs-Elysées, au Mont des Héros, petite Suisse Charmante, au Trocadéro, au parc Monceau dont la poésie persiste malgré les entassements maladroits dont on a coupé ses pelouses, développées jadis avec plus de tact.

Le bois n'a pas de gazons pittoresques, coupés d'arbres savamment isolés. Il n'y a pas un seul des groupes d'arbres de milieu qui fassent venir le songe.

Il faut qu'il soient aménagés avec grand art et qu'ils ne cachent pas les vues. C'est un des principaux éléments de beauté des parcs. Rien n'est plus malhabile que les bouquets d'arbres dont on a obstrué les plus belles pelouses. Les proportions de futaies et de gazon dans les parcs sont à observer avec la même rigueur que les proportions des vides et des pleins en architecture, que celles des membres dans le corps humain. Tant qu'on n'aura pas ce pur sens plastique, on ne fera pas plus de beaux parcs, de beaux monuments, que de beaux êtres parfaits, en sculpture et en peinture. On avait une belle pelouse à la Muette et une vue admirable. C'était le plus poétique endroit du Bois. On cache la vue, on rend la pelouse presque ridicule par des plantations sans art.

J'ai dit que le bois était un taillis, il faut en faire une forêt. Sans trop de frais, sans grand déplantement, on peut arriver à en hausser le niveau général de façon à lui donner grand air.

Le chêne qui compose une partie du bois y arrête vite sa croissance dans certains terrains, il vieillit sans nouvel élan. Mais il est d'autres espèces d'arbres qui se plaisent dans le sol de Paris et que l'on peut d'ailleurs aider en entourant leurs racines de bonne terre. C'est une étude que l'on peut dire faite déjà par nos avenues et nos boulevards superbes. Le platane, le marronnier, les accacias au feuillage si exquisement vert, les vernis du Japon, les peupliers de toute espèces et bien d'autres, sont, selon les terrains, des arbres de la plus haute pousse ; rapidement ils dépasseraient le niveau des chênes noués. Il n'y a du reste qu'à constater dans le bois les essences qui s'y plaisent le mieux. Il faudrait donc choisir avec soin les lieux, planter par bouquets *habilement* espacés et étagés, soit sur les flancs, soit en plein milieu des massifs actuels, des arbres formant des groupes harmonieux, de venue haute et rapide. Il faut que chacun de ces bouquets parle à l'esprit, à la rêverie. Il n'y a pas de beaux paysages, de beaux bois, de belles promenades sans cette voix de la nature. C'est un art de composition, qui semble ignoré chez nous.

Les têtes des arbres nouveaux doivent être calculées d'avance, pour quelles se marient avec les sommets des anciens moins hauts, chênes noués et autres qu'elles surpasseraient de beaucoup. Elles donneraient promptement au bois un un aspect de véritable forêt. On rêverait à Fontainebleau.

Il pourrait lutter de beauté noble avec la futaie de la Haye et les parcs anglais. Mais qu'il y ait de grands arbres partout ; poussez-les en haut, détruisez cette broussaille universelle et immonde souvent, qui salit tout, cache les beaux dessous des bois si plein d'émotion. Ce taillis qui encombre, et ôte tout caractère, interdit la promenade. Il ne sert qu'à protéger les rodeurs et les coureuses. Enlevez le maquis, faites la forêt. Vous aurez transfiguré le Bois. N'est-ce pas ainsi qu'on assainit moralement la Corse, faites de même aux bois parisiens, c'est plus nécessaire encore.

II. — Si Montmartre est le plus beau panorama de Parisville, et l'un des plus beaux du monde, le Mont-Valérien est le point où se développe et se mêle le mieux la sereine campagne à la vaste cité. Les courbes courtes des monts de Sannois et d'Argenteuil qui rappellent la gravité du Monte Mario de Rome, la noble perspective des collines décroissantes vers St-Germain, la fertile plaine de Rueil coupée par la Seine, sont par le coucher du soleil, l'heure de la promenade parisienne, un des plus délicieux points de vue dont on puisse jouir des remparts d'une capitale.

Au couchant du Mont-Valérien on voit cette campagne de Paris, dont les paysagistes de la nouvelle école ont enfin affirmé et prouvé la beauté. En tournant à l'est, au nord, au sud, on découvre un admirable panorama qui de Montmartre et Belleville va aux coteaux d'Issy, de Meudon et de

St-Cloud. Paris est au milieu qui semble dormir, et sous les pieds, on a le bois, les prés, la Seine avec ses îles vertes.

On ne peut laisser de telles beautés dans cette solitude, où l'on respire l'air le plus pur, le plus rénovateur de tout Paris. L'hygiène est d'accord avec l'art. Trouver le moyen de rendre attrayante l'ascension du Mont-Valérien c'est embellir, c'est assainir Paris, car c'est renouveler les étiolés. Là haut on se reposera de ce phosphore respirable qui est l'air des grandes capitales.

En creusant le lac nouveau entre le pré catelan et la cascade, en ménageant des échappées sur le Mont-Valérien, on inspirera aux promeneurs l'idée et le désir d'y monter ; pourvu que le tour du mont soit un jardin plus délicieux que le bois par ses belles vues. Le besoin de trouver l'air de vie fera le reste. Est-ce qu'on ne monte pas aux raides montagnes qui entourent Florence ? Est-ce que les Romaines ne franchissent pas tous les jours leur mont citadin pour respirer ? Qu'on analyse l'air du Mont-Valérien dans son rapport avec celui de Paris, l'on verra que cette promenade va remplacer bien des remèdes. Les médecins honnêtes seront de cet avis. C'est une considération grave et dont les gouvernements ont le devoir de se préoccuper. Ils doivent la santé.

Sauf le groupe de maisons de Suresnes, les flancs du Mont sont encore vides et livrés aux cultures. Acheter les terrains nécessaires à l'ascension, ne serait donc pas une dépense trop considérable. D'ailleurs une large zone autour du fort appartenant à l'état est et sera toujours vide.

On établirait une vaste allée à quatre rangs d'arbres, une piste pour les cavaliers, une pour les voitures, une pour les piétons. Cette allée partirait de la cascade traverserait les gazons de Longchamp, la Seine entre Suresne et Saint-Cloud, monterait en ligne courbe et très molle la pente insensible sur le flanc du mont, l'enceindrait du côté de St-Germain et Rueil, redescendrait en torsion douce à peu près en face du Château de Bagatelle, traverserait les gazons de l'ancien champ de manœuvre et reviendrait à la cascade.

Tout l'espace compris dans ce cercle, serait orné d'arbres de haute futaie, de légers bosquets et de jardins. Suresnes s'y trouverait enclos comme les villages dans le parc de Windrot. Deux ponts légers destinés seulement à la promenade relierait les deux branches de cette allée au bois.

Les environs du fort sont très pittoresques dans leurs terrains vagues et non plantés. Il faudrait peu de frais pour en faire des jardins délicieusement accidentés et les respiratoires de Paris. On conserverait partout des perspectives bien aménagées entre et sous les arbres haut branchés, partout où les servitudes militaires, permettraient d'en orner la colline.

Ainsi le Mont-Valérien et le bois reliés ne formeraient qu'un parc.

La promenade habituelle au lieu de se faire dans des routes sans ombre, (car les accacias vieillis n'en ont guère plus que les allées du lac), aurait lieu dans la partie du bois où les arbres sont le plus beaux, vers le pré catelan et la Seine. Qu'on ne dise pas que ces lieux charmants sont trop éloignés. C'est là qu'on va aux fêtes, aux courses, aux revues, au patinage. D'ailleurs Paris va s'ouvrir jusqu'après le mont et Courbevoie.

Les distances de ce côté ne sont plus de l'éloignement. Il importe que Paris puisse venir là se contempler.

On établirait quelques lignes de tramways coupant à travers bois sur le bord de routes spéciales, car les rails troublent la promenade à cheval et en voiture, et le bois est fait pour la promenade avant tout. Ces routes aboutiraient au nouveau lac, à Longchamp, au Mont ; l'ombre des allées, le panorama splendide, l'air salubre attireraient les curieux, les blasés, les fatigués des plaisirs, des spectacles, des bals, des ateliers, des travaux de toutes sortes. C'est un bonheur de voir jouer mille honnêtes familles sur les pelouses.

Nous ne comprenons pas que dès à présent des omnibus, ne soient pas organisés pour des promenades de 2 à 6 heures au printemps et à l'automne, de 4 à 10 heures du soir en été avec un ou deux itinéraires alternants, autour du lac, au pré catelan, à la cascade à Longchamp au bord de la Seine.

Le soir la statue colossale de la Fédération universelle placée en haut du Mont éclairerait Longchamp et le bois.

Que ne peut-on avec l'électricité?

Si le présent ne fait pas cette promenade, l'avenir la fera. Il serait sage de prévoir et d'agir pendant que les côteaux vides permettent de l'aménager à peu de frais. Si l'on attend, c'est par millions qu'il faudra compter et peut-être on ne pourra plus rien faire. Quelle valeur on donnerait dès maintenant aux terrains du Mont-Valérien.

Jamais Capitale, même dans les pays les plus privilégiés de la nature, n'aura eu un plus splendide promenoir. Enfin qu'on rapproche ce projet de celui de l'entrée officielle de Paris, le sommet du Mont-Valérien relié au rond-point de Courbevoie par une allée à quatre rang d'arbres et ornée, serait un avec l'entrée triomphale de Paris. On aurait donc par le bois le mont et la grande entrée de Paris deux genres de promenades, et cette dernière très nouvelle serait supérieure à toutes celles que peuvent présenter les capitales du monde.

Il faut ne pas oublier ici que les fortifications de Paris étant repoussées après le mont, le bois va devenir l'intérieur de Paris, et que par conséquent on sera de plus en plus porté à aller goûter l'air de notre montagne si pittoresque et si pure de forme.

CHAPITRE III

MONT-MARTRE

I. — Mont-martre est avec la Fontaine Pauline de Rome
et le mont des camaldades à Naples un des plus beaux panoramas de Villes. Depuis que j'ai écrit ces mots, on a bâti le
sacré cœur en *abaissant terrain*. C'est vraiment un crime
contre Paris : le panorama ne se voit plus. Il faut le rendre
visible.

Des camaldudes Naples a une sérénité superbe. De la fontaine Pauline, Rome a une gravité puissante ; de Mont-martre Paris a une mélancolie profonde, formidable, splendide,
surtout par les soleils couchants tout particuliers qu'y enfan-
tent ses vapeurs riches.

Mont-martre est une banlieue à la porte du Boulevard.
On semble ne pas savoir que ce mont est presque dans le
centre du Paris vivant.

Nos édiles n'ont-ils pas songé que la cîme de Mont-martre
est à vol d'oiseau aussi proche du Boulevard des Italiens que
la Seine.

Cette charmante colline tenue à l'écart, comme volontairement est malgré des travaux récents, moins bien traitée
qu'elle ne le mérite. Il serait possible d'en faire un admirable séjour où les hôtels particuliers se bâtiraient rapidement,
cherchant la vue, l'air plus pur à la proximité des Boulevards.

Toutes les rues qui montent à Mont-martre sont des percées pour les mulets, les ânes, et les cacolets. Les piétons
seuls peuvent les escalader. Partout la ligne droite implacable c'est-à-dire l'inabordable. On a le cœur pris de pitié
quand on voit les chevaux monter ces rampes.

Ici la ligne droite est le plus long chemin d'un point à un
autre. Les rues des Martyrs, chaussée des Martyrs, Lepic,
Germain Pilon, Ravignan, du Théâtre, Pigalle, Blanche, et
même les rues Rochechouart, St Georges et Clichy semblent
presque des remparts jetés entre Mont-martre et le centre.

Deux boulevards partant de Notre-Dame de Lorette allant
en courbes molles pourraient arriver en haut de la butte
côté de Paris et de campagne sans qu'on s'aperçut de la
montée. On a dissimulé habilement les pentes des Jardins
du Trocadéro, on peut facilement faire mieux encore pour
celles du Mont-Valérien et de Mont-martre, en prenant les
biais et les reculs nécessaires.

En ces derniers temps s'est terminée la rue Caulaincourt
qui traverse a mi-côte la butte ; c'est bien; mais on n'a pas
su la diriger vers le sommet par le côté nord de la colline.

Elle n'a pas rempli le but. Elle ne fait qu'unir la plaine
au delà du mont avec Paris. C'est beaucoup sans doute,
mais c'est insuffisant. On peut faire partir de la rue Caulaincourt une large voie en pente douce qui conduira au sommet
de la vieille église, c'est-à-dire à ce merveilleux panorama
de Paris inconnu des parisiens. Qu'on se garde bien surtout
d'accepter le niveau du terrain de l'Eglise neuve comme
sommet de la colline.

Les percées-nord sont indispensables ; mais il est plus
indispensable encore d'en opérer sur Mont-martre-ville
que sur Mont-martre-campagne et presque précipice.

On doit surtout penser au versant qui regarde Paris côté-
sud, fait pour attirer de vastes rues et de belles constructions
par son exposition salubre. Les rues actuelles pourraient
être des escaliers. Je m'étonne que la population et la société
protectrice des animaux ne fassent pas des représentations

légitimes. Cette incurie est une injustice envers ce quartier, un préjudice aux intérêts généraux de la ville.

Que Mont-martre devienne réellement Paris par de belles voies de communication partant de la fin des rues Laffite et Faubourg Mont-martre, il sera sans retard couvert d'hôtels de grands commerçants, d'hommes d'affaires, d'artistes, comme le quartier Malesherbes et le Trocadéro. Il y a là un gain considérable et presque immédiat, car les terrains acquierrent une immense valeur et cela instantanément. La condition première, absolue, c'est le percement intelligent.

Les deux boulevards partant de Notre-Dame de Lorette résoudraient le problème. L'un irait en courbe douce vers la place Clichy, et rejoindrait l'avenue Caulaincourt à son débouché dans l'angle du Boulevard Clichy. L'autre en courbe également, monterait au delà du square Trudaine, reviendrait vers la place St Pierre entourerait tout le flanc méridional de la colline. En bifurquant de sorte qu'il y aurait une percée à la hauteur de la rue des Abbesses, une autre au-dessus. C'est en largeur qu'il faut diriger jusqu'a la cime la viabilité de la butte, ces voies iraient rejoindre la rue Caulaincourt à diverses hauteurs. De ces boulevards principaux partiraient en biais les autres percées transversales et toujours en courbes douces. Mont-martre deviendrait Paris au lieu de rester la banlieue enclose, que j'ai dite.

II. — La question importante maintenant est de conserver le panorama de Paris. On ne le peut qu'en évitant avec soin d'abaisser la hauteur de la colline. Il faudrait donc ici consacrer tout son sommet à un square d'où l'on pourrait venir contempler et rêver, rêve grave et impossant que celui où l'on embrasse Paris d'un regard.

Rêve qui peut éveiller de grands esprits, de grands dévouements, de grandes œuvres, car Paris en a tant vus qui tiennent toujours les cœurs haletants.

Nos ancêtres plus réfléchis que notre époque, semblaient avoir eu cette pensée en couronnant la butte d'une petite

place, qu'on a laissée depuis envahir par des maisons infimes
et qu'on pourrait facilement sacrifier.

Le square surélevé ne pourrait être bouché par aucune
construction. On verrait le lointain par dessus les réservoirs
d'eau de la ville. Au-desous seraient les boulevards traver-
saux dont on calculerait et imposerait la hauteur des
immeubles. Ces boulevards et avenues attireraient les hôtels.
La vie éclaterait ainsi dans tous les recoins de Montmartre
rendus abordables par les courbes douces.

Un autre avantage : la population est fort mêlée sur la
colline. S'il y a nombre de familles honnêtes de petits bourgeois, il y a des repaires dangereux. Ces ruelles toujours
muettes qui condamnent la colline à la perpétuité du silence
seraient transformées en rues courbes et bientôt inondées
de vitalité.

On va faire, dit-on, un escalier monumental en face de
l'Eglise. On a ici un modèle grandiose et imposant tout
trouvé. C'est celui, un peu lourd peut-être, qui a Rome,
conduit de la place d'Espagne à la colline. C'est herculéen.

La lourdeur ne messied pas à qui soutient le poids d'un
mont. On ne peut rien faire de plus ample. Et pour qu'un tel
escalier soit bon il faut qu'il soit très ample avant tout. Il
corrigera peut-être la petitesse de la façade de l'église,
dont l'intérieur est mieux réussi que l'extérieur.

Les architectes et les édiles ont bien manqué ici de tact
artistique. Un hazard semblait devoir utiliser le panorama
admirable : une église s'élevait sur le vague terrain où
j'allais contempler Paris et porter par lui la France dans mon
cœur. Je me rappelle avoir vu par les soirs d'été, les enfants
s'exercer aux jeux de leur âge, pendant qu'en groupes calmes
les parents las se reposaient de la journée, les femmes tra-
vaillant encore, on eut pu croire que la vue superbe serait
religieusement conservée, non. On a baissé le terrain par
économie mesquine sans doute, comme toujours, on a retranché le point de vue en enlevant au sol sa belle domination du vallon terrible de la grande cité.

Il fallait au moins que cette église vint ajouter les audacieses tours, les hautes flèches de notre gothique au panorama de Paris. Non. On fait un monument rabaissé, et qui
montre à peine quelques lourds clochetons semblables à des
bonnets gonflés, autour d'un clocher informe qui est coiffé
semblablement comme pour la nuit.

Je voulais placer en haut de la colline, *un temple de la
religion de la science*. Isolé je n'ai pu accomplir ce noble
projet. Les terreurs des Fois arrachent partout des subsides.
L'amour de la science ne sait pas lutter de générosité avec
elles.

Quoiqu'il en soit il faut le square bien aménagé pour le
panorama circulaire. A l'est il sera bouché par l'Eglise, et
cela est à regretter, on voyait de ce côté un beau paysage.
Restent l'ouest, le nord, surtout le sud, là est Paris.

On élèverait s'il le faut le terrain du square de quelques
marches de grand caractère, pour que le panorama apparut
complet. Pas d'arbres formant rideau, pas de ces irritantes et
ridicules charmilles de Versailles. On dirait que cet idéal
n'est pas mort dans les cervelles de nos édiles et de nos
compositeurs de jardins à voir nos promenades et le bois. A
Versailles, les bosquets étaient cédés, la promenade se réduisait à un labyrinthe de murs verts. Le grand roi était bien
peu poète et plein de petitesse. C'est un peu comme cela que
nous passons dans le Bois de Boulogne où le tallis bouche
tout comme les charmilles de Versailles.

Qu'au moins le panorama de Paris ne soit pas obstrué par
un écran. Ce sera trop qu'il soit coupé par la lourde église
qui va cacher la colline du mont des héros (Buttes Chaumont) dont le profil était charmant de cette hauteur.

En résumé:

Au lieu de profiter du point de vue admirable et portant
au cœur du panorama de Paris, on l'a retranché ignominieusement en baissant le sol. On aurait du bâtir à cette
place un palais de la France se recueillant devant la cité de
tant d'efforts, Paris.

Quant à l'église, l'intérieur a une certaine beauté morne, mais à l'extérieur c'est un monument manqué. Il fait moins d'effet dans le panorama de Paris que les quelques tourelles d'auberges qu'il remplace et faisaient songer au vieux temps. On eut dû prendre l'architecture du moyen-âge celle qui naquit de l'affranchissement qu'apportait à l'esprit humain Abeylard, notre gothique, invention toute française. On est revenu au lourd roman né de la noirceur des catacombes, les premiers temples chrétiens. Les dogmes aiment la nuit, comme la science le jour.

Sur cette colline le roman reste sans effet, comme un roc cloué au sol. Le gothique élancé eut seul produit grand effet. Ce sont là des erreurs impardonnables. Nos édiles sont coupables de n'avoir pas éxigé un monument embellissant Paris.

Corrigeons ce que nous pourrons de ces fautes, en assurant au panorama de Paris un square hospitalier, orné d'arbres haut branchés, d'où nous pourrons encore envoyer notre cœur à la France.

CHAPITRE IV

LE TROCADÉRO

Avec le Mont-Valérien et Montmartre, le Trocadéro était le plus beau panorama de Paris. Du haut de l'ancienne colline sauvage c'était splendide. On en a détruit la beauté en baissant trop le terrain de la place, en asseyant le monument sur ce niveau.

D'ailleurs le Palais du Trocadéro est à refaire. Tout y est mauvais sauf la disposition en fer à cheval et certains détails qui montrent que les architectes sont des hommes de talent mais d'école, auxquels il manque l'éducation sacrée du goût, la science du beau. La microscopique loggia à colonnes demi-circulaire qui enceint la place et ressemble de loin à une suite de cabinets de bains, est déplorable. La grosse salle de concert, derrière de monument, qui devient façade et coupe la vue, est déplorable avec son caractère moitié d'abside d'église, moitié de gare de chemin de fer, cette sorte de dôme qui la surmonte a l'air d'une prise d'air dans une usine. Ce génie minuscule a l'air d'une sauterelle. Tout est faute de de proportions, de caractère. Du côté de la place, pas une ouverture. On croit voir un de ces chevets de cathédrale nus, droits et manqués comme celui de Saint-Pierre de Poitiers. lugubre muraille. Du côté du Champ de Mars, où est l'autre chevet d'église ventru, qui sert de façade, un

couloir toujours ouvert, continue le double couloir des ailes
et n'a pas guère plus de grandeur.

Ce qui est plus mauvais encore que l'architecture c'est que
le monument est un contre sens. Un palais de fête, cela doit-
être ouvert splendidement. Il fallait s'inspirer des grandes
œuvres italiennes, romaines, grecques. C'est dans ce pays
du soleil qu'on a eu le sens des fêtes en pleine lumière. Si
les architectes du Trocadéro avaient consulté les tableaux de
Véronèse, les cahiers du Piranèse, les monuments percés
à jour de Grèce et de Rome, ils ne seraient jamais tombés
dans ce non sens d'architecture hybride. Il faut que l'émotion de la beauté soit bien déchue en France pour qu'il se
soit trouvé des juges couronnant un tel projet. C'est de l'art
industriel. Ces industriels auraient pu faire de belles et
bonnes usines.

Ce qui est plus mauvais encore que le palais, c'est la place
qu'on lui a assignée. Ici, les architestes n'ont fait que subir
les exigences d'une administration ignorante de l'art et cou.
pable de ne pas penser à la profonde émotion que cause le
beau panorama de la capitale de la patrie.

On avait une vue d'ensemble très belle. Il fallait avant
tout et malgré tout, non seulement la conserver, mais la
mettre dans son plus beau relief. L'avenue Kléber et l'avenue
Henry Martin pouvaient sans gêner, avoir une pente légère
qui eut élevé le monument et lui aurait donné une position
vraiment belle.

On a placé au contraire le palais de plein pied avec la
place rabaissée. Au milieu de cette place on a établi un
bassin qui s'élève jusqu'à la moitié des arcades du palais, et
dont les piétons ne voient l'eau qu'en montant sur le bord.
J'ai été obligé de dire un jour à un compagnon de promenade
Il y a là un bassin; il ne l'avait jamais aperçu.

Enfin il semble que ce monument sans beauté soit peu
solidement construit et appelé à disparaître.

Que faudra-t-il tenter alors ?

Reporter le palais sur la place surélevée si l'on peut; y

construire la salle de concert surmontée d'un superbe dôme décoré comme nous l'avons dit plus haut ; établir la façade plane du côté du Trocadéro. Que cette façade s'adapte aux loggie en fer à cheval, qu'elle ait deux étages, le rez-de-chaussée à vastes arcades larges. L'étage noble avec un beau fronton sur une loggia à colonnes très élevées. Pour les loggia circulaires établir des colonnes allant à la hauteur des toitures et surmontées d'un attique couvert de statues ; enfin dominant le tout, le dôme de la salle des concerts. Du premier on aurait la vue entière du panorama en sa plénitude, en évitant des constructions voisines trop élevées, ce que l'on ne fait pas. Il faut un monument auguste. Les édifices sans grandeur ne sont bons qu'à être abattus. L'architecture a besoin d'inspirer du respect pour être digne de vivre.

Le bassin qui donne aujourd'hui naissance à la cascade serait reporté dans le jardin. L'eau sortirait de terre et non d'un palais.

La cascade agrandie qui aujourd'hui fait sourire quand on la voit surgir du ventre d'une salle de spectacle comme d'un jupon abaissé deviendrait toute naturelle.

Dans les fêtes, la foule aurait pour se placer toutes les loggie du rez-de-chaussée, tout le versant de la colline qu'il faudrait disposer, non en bosquets mystérieux, contresens ici, mais en vaste jardin découvert, laissant voir la fête, la Seine, le Champ de Mars. Par vos bosquets mis là à contresens, tout est fermé, quand tout doit être ouvert.

Ainsi, l'on conserverait, en partie du moins, le superbe panorama du Trocadéro qui faisait l'admiration de Napoléon premier. Il le voulait pour son palais. Les étrangers autrefois, venaient l'admirer. Le palais n'aurait d'égal pour sa grandeur et sa noblesse que la place Saint-Pierre à Rome.

Quant au cimetière, expropriation pour cause d'utilité publique. Ce cimetière doit disparaître sans retard. Il est une entrave à la vie de Passy et même d'Auteuil.

CHAPITRE V

LA BUTTE CHAUMONT
ET MIEUX, LE MONT DES HÉROS

A peine si quelques artistes ardents et de curiosité haletante ont été étudier les Buttes Chaumont avant leur transformation. Ce refuge des vagabonds n'attirait que quelques rares étudiants de la beauté. On a tiré un médiocre parti de cet imposant boulversement si inattendu à la porte d'une capitale. C'étaient tous les tourments d'une chaine de montagnes à Paris, une suite de monts d'une forme bizarre, élégante et parfaite, aux configurations aigues pleines de surprises. Le pic et le roc du Belvédère sont les seuls qu'on ait conservés. Tout était dans ce style de cataclysme. On eut dit un des fantastiques paysages de Léonard de Vinci réalisé. On avait donc toute faite une promenade qu'aucune autre ville n'aurait pu présenter. De plus en haut était un plateau avec une vue splendide.

Qu'à-t-on fait de ce rare et étonnant ensemble? Des mamelons sans caractère, un square qui n'eut qu'une descente, où l'on ne peut se reposer de plein pied, ou il n'y a de pittoresque que l'ancien roi au milieu du lac. Par une inconcevable lésinerie on n'a même pas été jusqu'en haut de la colline, dont le terre-plein est resté inutilisé. Il était vide quand j'ai écrit ces lignes, il l'est encore. Il est vrai que depuis ce temps les plantations ont poussées sur ces mamelons. La promenade à pris le caractère d'une charmante petite Suisse à Paris. Mais le grand effet est manqué.

Il faut dire pourtant à la décharge du compositeur de jardins que la pierre de beaucoup de ces rocs était friable, et les éboulements à craindre. On pouvait y parer par des blocs artificiels dans les parties dangéreuses. On la fait, assez mal il faut le dire, dans le square actuel. Il serait facile de mieux colorer le ciment imitateur par taches violâtres, verdâtres, blanchâtres, en demi ton.

On ne peut refaire ce que la nature et le hasard des fouilles avait si admirablement réussi, mais on pourrait améliorer et compléter ce qui est. Il faudrait d'abord prendre le terre plein du sommet en faire le lieu de repos, pelouse dégagée, d'où l'on verrait sous des bouquets d'arbres haut branchés, dans les brumes colorées, se marier Montmartre et le Mont-Valérien au-dessus de la ville sacrée.

Au tour externe de ce terre-plein on établirait un boulevard dans le genre de l'avenue Maillot, où les maisons de plaisance viendraient rapidement, s'il y avait des tramways de communication. Ce n'est pas assez, ce boulevard serait continué jusqu'au fort de Romainville. Le panorama de Paris est là, plus beau qu'au square même. Ces deux promenades jointes par une avenue seraient bientôt peuplés de petits hôtels de négociants qui veulent le calme, l'air pour leurs familles. Du fort la vue étagée de Montmartre du Mont-Valérien se détachant l'un sur l'autre avec Paris au-dessous est une merveille au soleil couchant.

Un large boulevard partant de l'ancienne barrière de la Villette jusqu'au square devrait être percé sans retard, avant que des constructions novuelles n'augmentent le prix des terrains. Ce boulevard planté sur le modèle que nous dépeignons plus haut serait rapidement bâti. Le quartier l'attend pour se décider à exister. Cette voie se fera ou il restera stérilisé sans elle. Si, comme nous n'en doutons pas et comme nous l'indiquons, Paris se construit de dokes de port de mer après Saint-Denis, ce quartier est appelé à être les Champs-Elysés des commerçants et des industriels.

Enfin, sur le terre-plein au sommet du square on devrait élever un monument à l'héroïque jeunesse des écoles, poignée de braves enfants qui contint un jour entier toute l'armée prussienne en 1814. On ne doit pas laisser oublier de pareils souvenirs. Il faut les faire vivre surtout dans les quartiers populeux où les âmes en sont plus profondément émues. On devrait aussi, en leur honneur, changer ce nom de Buttes Chaumont qui ne dit rien, qui n'a pas d'histoire et sur l'origine duquel on ne peut même pas s'accorder.

La Butte Chaumont s'appellerait le MONT DES HÉROS.

Imposez partout les nobles dénominations, qui, par un mot évoquent de hautes idées, de grands souvenirs et par là élèvent la pensée et l'âme. Ces appellations des places, des rues, montrent plus qu'on ne croit le fond du cœur d'un peuple. Elles proclament quelles sont ses intimes pensées. Un grand mot germe, grand sentiment dans bien des cœurs.

CHAPITRE VI

MONT-SOURIS

La vue de Mont-Souris est médiocre. Cependant on a bien fait de la conserver.

Mais il est impossible de comprendre ce parc coupé en deux par une ligne de chemin de fer dans un quartier ou ies terrains n'ont aucune valeur. Le square ne se voit pas lui-même. On a deux bouts de jardin qui se cherchent. Dans le premier un monument en carton mis là sous l'Empire par faveur de famille; Dans le second un petit lac perdu qu'on n'apperçoit qu'au tournant d'un tunnel. C'est toujours le système des économies puériles qui à la fin de dépenses énormes viennent imprimer leur tache sur nos travaux publics et leur enlever la grandeur et la beauté.

Embellir Mont-souris est difficile. On ne le peut qu'en détournant la voie du chemin de fer. Un Grec n'hésiterait pas. Il aurait ce respect de la beauté dont parle Platon et qui était passé dans la vie publique. C'est ce que je voudrais voir chez nous. On pourrait donc faire suivre au chemin de fer une courbe qui ne prendrait que deux angles extrèmes et insignifiants du square. Alors ce serait vraiment une charmante promenade. Du petit palais tunisien qu'il faudra remplacer prochainement par une vraie construction, on verrait le lac, et le viaduc du chemin de fer pourrait être un ornement de fond s'il était bien composé. Est-ce que les viaducs antiques ne sont pas une des parures de la campagne romaine.

CHAPITRE VII

AVENUES - BOULEVARDS

Paris est une cité que le printemps change en forêt.

La ville est fière de ses ombrages. Elle a raison. Les arbres la rendent plus saine et vivifient son atmosphère.

Mais c'est une servitude que ses branchages se collant dans les fenêtres otant l'air, la vue, le jour. Tant que les plans sont jeunes ils jettent une ombre discrète dans les appartements et suffisante sur le passant. Quand ils sont arrivés à grande pousse le supplice est réel. On habite dans un arbre non sur le boulevard. Les frondaisons puissantes cachent tout, la voie, le ciel. Les arbres salubres par eux-mêmes deviennent nuisibles par la position qu'on leur donne. La grande action de la lumière sur la vie, ainsi que la puissance de l'air sont expérimentées avec précision.

Les arbres ne devraient donc jamais pousser leurs rameaux à plus de dix mètres des maisons. Il faudrait partout ou cela est possible, placer le trottoir au milieu, tracer deux pistes à voitures qui auraient l'ombre des arbres et des maisons, deux trottoirs le long des habitations qui dégagées seraient libres et saines.

Quelques carrefours des grands boulevards sont très dangereux. Exemple : le coin du faubourg Mont-martre surnommé le carrefour des écrasés. Il faudrait là une place. Les accidents continus l'imposent.

La rue du faubourg Mont-Martre, vieille, mal bâtie, très chargée de voitures, devrait être transformée en une avenue

faisant suite aux deux boulevards, qui de Notre-Dame de
Lorette monteraient à Mont-martre sur le versant sud parisien.

Toutes les rues qui avoisinent les halles devraient aussi
être modifiées en boulevards, particulièrement la rue Mont-
martre. De cette façon du haut de petite montagne aux halles, au pont neuf, on aurait une suite d'avenues formant pendant au boulevard Sébastopol, et fort utiles pour la circulation
et le commerce. On continuerait cette avenue au delà du
Pont-Neuf par la rue Dauphine juqu'a l'Odéon où elle se rac-
corderait avec le réseau des grandes voies. La facilité des
communications raccourcirait beaucoup les distances.

La forme qu'on donne aux arbres dans les avenues et les
Boulevards est dangereuse. Il est aisé de voir qu'on ne peut
passer sur l'impériale des tramways et des omnibus sans
courir le risque d'être renversé par les branches, si l'on se
lève, ou d'avoir son chapeau emporté si l'on se penche. Il en
est ainsi sur nombre de voies, l'avenue de Neuilly par exemple.

Ebrancher les arbres plus haut n'empêcherait pas les ombrages, laisserait la circulation l'air et la vue.

Il ne faut pas tout sacrifier au désir d'avoir de l'ombre ;
On n'en a un besoin impérieux à Paris que pendant trois
mois de l'année tout au plus. C'est loin d'être toute la vie.

Nous croyons à peine aux quelques centaines de lanternes
à l'huile qui sous Louis XIV éclairaient la ville. Paris vu
dans la nuit semble un bas fond de ciel plein d'étoiles. Cependant un nouveau progrès est nécessaire. Le gaz doit-être
remplacé par l'électricité. Les essais de gaz triplé, quadru-
plé, bien que très beaux sont impuissants à lutter. On pourrait d'ailleurs très facilement ôter à la lumière électrique ce
qu'elle à de dur, de sec, de morne, par des globes légère-
ment teinté en jaune.

Depuis que j'ai écrit ces lignes on a inauguré l'éclairage à
l'électricité sur quelques points. On n'est pas encore arrivé
à en corriger la lumière triste. Les boulevards ont contracté
un air d'affliction. On ne peut s'empêcher de regretter le gaz
et sa lumière de fête.

CHAPITRE VIII

SERRES DE LA VILLE

Je ne passe guère devant les fleurs de tous les squares sans penser à ceux qui meurent de faim. Quelles réflexions doivent faire devant ce luxe les miséreux !

Je conçois un empereur de Russie, le pays sans fleurs, poussant cette prodigalité jusqu'à une passion de hollandais ; Je conçois l'empire avide de toutes jouissances faisant changer chaque matin les jardinières de ses privilégiés ; mais la République !

De beaux arbres dans les squares ombrageant de beaux gazons suffisent à la santé, au repos de la tête surmenée et du corps abattu. Le parc de Windsor n'a pas de fleurs. Les serres de la ville ne doivent plus être que des pépinières. La dépense des fleurs serait attribuée aux enfants souffrants, ou serait reportée sur les grands travaux de Paris, qui donnent du pain et embellissent d'une façon sérieuse. Les fleurs durent l'espace d'un matin, on le sait depuis longtemps.

D'ailleurs Passy pour son développement normal a un besoin absolu du terrain occupé par les serres c'est un nouveau quartier à créer et qui serait un bénéfice considérable pour la ville. Les pépinières de la ville seraient transportées dans les terrains d'Auteuil à Boulogne.

Depuis que j'ai écrit ces lignes, la ville a pris son parti. Les terrains des anciennes serres sont libres.

On m'avait il y à 20 ans promis l'appropriation d'un de ces terrains à la construction élevée a mes frais pour recevoir des collections que je désire donner à la Ville ou à l'Université. Le veut-on toujours? Je suis prêt et j'attends. Je le demande au conseil municipal et a tous ceux que cela regarde.

CHAPITRE IX

LES NOMS DES RUES

On multiplie trop le nom des rues à Paris. Surcharge incommode. Les américains nous apprennent qu'on doit simplifier tout cela.

Sans recourir à leur froide algèbre, il convient de laisser le même nom aux rues qui se font suite directe dans toute leur longueur 1000 est moins long à prononcer que 99.

Cette simplification aurait le grand avantage de faire participer des rues restées secondaires à la vie de la voie principale dont elles prendraient le nom. Ce changement serait profitable à l'embellissement de Paris.

Je n'en donnerai qu'un exemple : L'Avenue des Ternes est une suite assez courte et directe du Faubourg St. Honoré. C'est un quartier de peu d'allure où le préjugé empêcherait de placer de beaux hôtels. Continuez à cette voie le nom de grand faubourg, elle va bénéficier du haut relief de la voie magnifique ! peu à peu l'aspect des constructions changera ; elle seront dignes de la rue dont les hôtels seraient des palais si nos architectes mesuraient l'ampleur du caractère à celle des dépenses et imprimaient à leurs œuvres le cachet de la grandeur au lieu de celui de la convenance.

Pour les noms des voies gardez et prenez de belles dénominations, réveillant de beaux souvenirs historiques. Reconnaissance utile. Les noms ont leur poésie, comme tous les mots. Il est cruel de voir de simples étiquettes, imposer par leur laideur, leur bassesse, leur grossièreté, leur nullité,

leur ridicule, aux pays, aux quartiers, aux hommes surtout!
C'est fréquent en France où le sobriquet gouailleur, est souvent devenu le nom. Une nomenclature de beaucoup de
noms qui s'étalent sur les enseignes, au bas des écrits parfois ; serait impossible, on y verrait une idée intolérable
d'indécence. Rabelais seul pourrait l'oser. D'autres noms sont
tellement plats de son, que Poquelin s'appela Molière. Arouet
Voltaire. Ces grands artistes voulaient de la beauté partout,
même dans leurs noms, ils avaient raison. Le nom est une
étiquette. Qu'il ne démonétise pas la marchandise ou
l'homme. Les noms dans notre France vont du fastueux au
ridicule. C'est une injustice, c'est une absurbité. On estime,
un homme sur cette étiquette. Tous les noms dans les
sociétés de l'égalité doivent également rehausser les hommes.

CHAPITRE X

COINS DE RUES ET PALAIS

Beaucoup de coins de rues se terminent en angles mal coupés. Ils forment les lignes de ces casernes parfois belles, parfois sans caractère qui sont les maisons de produit.

Il y a déjà de longues années que nous avons conseillé de terminer ces pâtés lourds de maisons par des tourelles les plus ornées possible. On y est arrivé. Mais je ne conseille pas de perdre la tourelle dans le toit de la maison qui l'empâte et l'écrase. Au contraire il faut séparer la coiffure de la tourelle du toit principal, qu'elle doit dominer fortement. Ce n'est qu'à ce prix qu'on rompra la monotomie de l'ensemble On semble aussi arriver à cette nécessité, mais pas assez franchement à mon sens. Cette timidité ôte le caractère aux constructions.

On peut couronner ces tourelles dans tous les styles depuis le gothique jusqu'au Louis XV, pourvu que l'effet n'en reste mesquin et étriqué, pas comme un jouet auprès d'un vaste bâtiment. Un toit pointu, rond, carré, renflé, rapplati, dôme uni, gauffré, surmonté d'ornements, tout est bon, qui a de la grandeur, du caractère et du hardi est franc relief. Pour le corps de la tourelle, les campanilles italiens, les vieilles tours et jusqu'au pavillon de Hanovre peuvent être étudiés avec fruit. Il est abattu ; on s'en souvient, il avait du caractère. Il faut que ces appendices soient bien accordées avec les constructions.

Pour le toit les tours gothiques et renaissances, celles du Palais de Justice, le dôme de l'Opéra en les modifiant selon le besoin, peuvent être consultés. L'important est de rompre cette désastreuse insignifiance monotone des toitures par un relief solide, audacieux, d'une élégance grave et pleine d'art.

Paris deviendrait la Ville aux cent mille tourelles carrées ou rondes, de toute architecture, de tout style. Le pittoresque et la poésie de la cité charmeraient. Jusqu'à présent ces tourelles sont rarement réussies. Nos architectes n'ont pas encore appris à les rendre harmonieuses et proportionnées aux habitations.

C'est un système de l'édilité de tronquer les angles des îlots de maisons par des pans coupés. Manie d'agent-voyer qu'un artiste redoute et repousse. Ces pans coupés rendent presque impossibles les façades monumentales, même avec la tricherie habile des tourelles. Comment faire un palais, un bel hotel, avec cet angle qui fuit ? On croirait voir un visage sans menton. Ce sont les angles qui par des pavillons puissants doivent soutenir la façade, et, à chaque coin de rue, c'est-à-dire aux lieux les plus saillants, vous mutilez la ligne et empéchez l'architecture de s'établir dans la plénitude de sa force, c'est-à-dire dans sa beauté.

Que dans les rues très passantes, commerçantes, étroites les angles trop aigus aient à leur bout des pans coupés, soit, mais ce doit-être exception et on doit le regretter. Les murs sont des cadres aux monuments. Il ne faut pas que les cadres dévorent les tableaux. Il faut consentir à des vides, laisser la place pour que les monuments soient beaux et l'art respecté.

Cette exigence incompréhensible et anti artistique de l'édilité est loin d'être la seule. Elle défend les reliefs. A Rome, grande quantité de maisons, simples d'ailleurs, ont une noble porte cochère appuyées de colonnes antiques et correspondant par un balcon aux fenêtres du premier. Cet ornement palatial suffit pour relever souvent une construction ordinaire. L'édélité chez nous ne souffre pas ces renflements admirables de l'architecture, qui y mettent la lumière, l'ombre, la vie, les proportions, la puissance, la grandeur, la couleur. Les architectes sont condamnés à des moulures de menuisiers. Cette platitude universelle est passée en habitude et devenue le goût ; ce qui veut dire que le goût est perdu.

Conservez ces exigences pour les vieilles rues étroites, si vous le voulez, mais non pour nos larges boulevards. Laissez la liberté à l'art, qui ne se sentant plus en lisière, osera. Les tracés de vos rues n'en souffriront pas. Plus les voies sont larges plus les reliefs doivent être puissants.

Comparez ces insignifiances qu'on appelle les hôtels de la place de l'Arc de Triomphe, aux façades de la place Vendôme large et simple autant que celle de l'Etoile est mesquine. Et cependant quel magnifique espace à décorer. Voilà où mène l'éducation que donnent la timidité, l'édilité, et l'école des Beaux-Arts

Du relief, du relief et encore du relief, des proportions vastes, des pleins nus très osés, des colonnes aux portes cochères ; voilà la loi des maisons de produits dans toutes les grandes voies. La place Vendôme a des colonnes à ses portes. Qui gênent-elles ? Qui en serait incommodé dans nos grandes avenues ? On trouve encore dans quelques voies du faubourg Saint-Germain et rue Boissy-d'Anglas de ces portes à grand style. Qui entravent-elles ?

Londres, Vienne, Saint-Petersbourg ont des quartiers splendides imités du haut goût de la Place Vendôme. Ils nous ont emprunté cette beauté sur laquelle ils vivent et que nous négligeons. Que seraient les Champs-Elysées si, au lieu de ces mille bâtisses batardes, les unes trop petites, les autres ayant la pesanteur inintelligente des maisons de produit, elles avaient, je ne dis pas la façade de la place Vendôme, mais une noble, haute, vaste face variant je suppose à chaque travées et qui ferait une suite de palais concordants du Rond-Point à l'Arc de l'Étoile ? Tout cela est manqué. Le temps le refera-t-il? Et nous pouvions avoir des chefs-d'œuvre ! Quels regrets ! L'architecture est un art si splendide et magnifiquement imposant.

Le mal est qu'on vit au milieu de toutes ces laideurs, qu'on s'y apprivoise dès l'enfance, qu'on finit par les appeler des beautés ; l'intelligence se fausse par l'habitude.

J'étais adolescent quand je vis Florence pour la première fois. Le matin je partis fuyant les guides et les informations pour recueillir en moi ces profondes émotions de l'art, que l'on remplace si souvent par des énumérations de catalogue. A chaque coin de rue un monument exquis ou puissant, sombre comme le moyen âge, ou éclatant comme les mille et une nuits, terrible ou charmant, ouvert, comme la Loggia dei Lanzi aux beautés de l'art, ou clos comme une forteresse à pierres aggressives et aigues. Je ne désenthousiasmais pas. A quatre heures je fus obligé de me coucher épuisé d'admiration. Je voudrais que Paris donnât des émotions pareilles.

CHAPITRE XI

STATUES ET CHEMINÉES
COURONNEMENTS ET TOITS

I. — Règle générale : Ne faites pas de monuments sans statues. Colonnes en bas, statues en haut, tous les pays, toutes les époques ont compris que ce mélange était la beauté. Indien ou gothique, grec ou italien, ce sentiment paraît universel. Pourquoi oublie-t-on cette grande loi ? Je sais gré à l'auteur de l'Opéra de l'avoir respectée. Décapitez par la pensée ce monument de ses statues, vous verrez ce qu'il va perdre. Soudain il apparaîtra plat.

Il faut des statues, des groupes aux angles des frontons des monuments. La cour du Louvre perdrait la froideur, qui est la seule tâche à son incomparable beauté, si l'on plaçait des statues au faîte et surtout au dessus de toutes les loggies ; de même pour la colonnade, si l'on élevait des statues sur les deux pavillons et au fronton du centre. Disons aussi que pour rendre cette belle face parfaite, il faut effacer son insignifiant bas relief du milieu et en sculpter un d'une importance capitale. Ce mur presque vide est douloureux à voir. Cette lacune est si choquante que je ne comprends pas l'inertie où l'on est resté si longtemps.

Ce qu'on voit le plus dans l'homme c'est la tête ; ce qu'on

voit le plus dans les monuments c'est le faîte. Le contraste
violent du corps solide avec la légèreté du ciel, de l'air lumineux, suffirait pour expliquer cet effet, auquel on ne peut
se soustraire. Un édifice bien couronné est presque un monument réussi. Devant les Invalides, vous ne voyez que le dôme ;
la lourde et vulgaire caserne disparaît. On l'oublie, heureu-
sement.

La statue, c'est la poésie s'exhalant du monument et en
exprimant la pensée.

II. — Au lieu de statues que mettez-vous ? Des cheminées, soit. Monumentales ? non. Des tuyaux sauvagement
laids. Vous faites un bel édifice, vous le coiffez ridiculement.
Les cheminées sont une des laideurs de Paris. Vous n'oseriez pas mettre un de ces tubes sur le Parthénon, sur Notre-
Dame de Paris ; pourquoi les placez-vous sur vos monuments, sur vos hôtels, sur vos maisons ? Les estimez-vous si
peu ? Le pur Louvre en est plein, comme le pesant Institut
et la lourde monnaie. On en a mis partout.

Les édifices publics doivent avoir des cheminées monumentales. Nous sommes dans un pays où le feu est un besoin
absolu ; il faut prévoir, en construisant, les nécessités d'émis-
sion de la fumée, et ne pas abandonner ce soin à un manœuvre après l'édifice construit. Le moyen âge aurait trouvé là
un prétexte à mille fantasques beautés et nous faisons de la
laideur.

Pour empêcher cette gageure contre le beau, la Ville ne
pourrait-elle mettre au concours des modèles de cheminées
artistiques, non par la matière, mais par la forme et le galbe?
Il ne coûte pas plus cher de faire beau que laid une fois que
les plans de fabrication sont adoptés. L'édilité impose tant de
choses inutiles, véxatoires même, qu'elle pourrait bien imposer un minimum de forme d'art aux cheminées pour les constructions neuves.

III. — Le toit est la couronne, le casque, la coiffure des
monuments.

A Paris presque tous les toits sont laids. On néglige cette

tête superbe de l'édifice. Le zinc affreux est employé cyniquement partout sur les monuments publics. Ne recouvre-t-il le Ministère des Affaires étrangères ? C'est un mot des constructeurs qu'on ne voit pas les toitures. Dans les rues étroites, soit ; mais dans les avenues, les boulevards, les places, les quais, on voit les toits des maisons comme ceux des monuments isolés.

Ces gros gonflements qui sont les toitures de la rue de Rivoli sont hideux avec leur manteau de zinc. Ceux de la Place du Théâtre Français et de l'Avenue de l'Opéra, du Grand Hôtel sont meilleurs, mais médiocre.

En général pour les toits il faut prendre un parti : ou les faire disparaître derrière la construction, ou leur donner une grande importance, mais alors une grande élégance. Les toits moyens sont très difficiles à ajuster et détruisent presque toujours les proportions de l'édifice. On peut cependant en tirer de beaux partis comme au Louvre. L'ancienne Cour des Comptes peut (j'écris maintenant pouvait) servir d'exemple. Depuis l'incendie ce monument avait pris un air de cirque romain qui lui donnait une beauté à laquelle on n'aurait pas cru, lorsqu'il etait intact avec sa toiture. Elle tuait l'attique et les étages nobles. Ils ressortirent sur le ciel quand ils furent délivrés par le feu, il aurait fallu lui conserver cet aspect, et le terminer en terrasse. Le monument abattu je laisse ces mots pour exemple.

Comme couverture il n'y a guère chez nous que l'ardoise et le plomb qui aient un bel aspect. La tuile est brutale et triviale, le zinc misérable.

Mais l'ardoise coûte cher d'établissement, d'entretien ; le plomb est inabordable et ne peut être employé que dans les palais. Il y a de longues années que nous avons conseillé de fabriquer des tuiles légères couleur d'ardoise, non pas vernies ce qui en augmente le poids et le prix, mais mattes seulement teintées en gris noir par l'adjonction d'une couleur dans la pâte composante. Il y aurait là sans doute un gain considérable pour le fabricant, qui ferait concurrence aux

ardoises avec de grands avantages de solidité et de bon marché.

Quand aux tuiles colorées et vernies l'emploi en est tellement périlleux, le mauvais goût si facile, que je ne puis pas
dire en avoir vu de beaux effets. Cependant on y pourrait
arriver ; mais quel tact ne faudrait-il pas. Avec les tuiles
des japonais, ces coloristes distingués entre tous, on tombe-
rait moins facilement dans des effets communs et brutaux.

Ces considérations ont leur importance esthétique. Paris
étant appelé à se couvrir d'hôtels isolés par ses agrandissements, et à n'avoir de maisons de produits que dans les quartiers de commerce. Ainsi en est-il de Londres qui paraît
campagne longtemps avant qu'on soit sorti.

Il faut que ces habitations et celles de la banlieue n'aient
pas l'aspect de vulgarité qui est nàvrant.

CHAPITRE XII

DES TRIBUNES DE COURSES
ET DES COMMUNS

Il est ford laid, ce genre pretendu pittoresque, imitation
des anglais, qui nous construit les communs des hôtels, les
tribunes de courses, etc. On accole des chaumines aux hôtels
sous prétexte d'écuries ; on construit d'immenses échafauda-
ges en bois brut dans nos parcs pour assister à des divertis-
sements grecs, que les Anglais se targuent d'avoir inventés.
Voyez-vous les jeux olympiques au milieu de ces bâtisses de
buches et de briques ?

Puisque les Grecs sont les inventeurs réels de ces beaux
exercices, n'était-ce pas d'eux qu'il fallait s'inspirer pour bâtir les tribunes d'où on les contemple ? Rien n'était plus
simple que d'élever de beaux portiques en fonte de fer avec
des rehauts de marbre, des médaillons à fonds étincelants.

C'est tout un ordre, brillant et léger d'architecture, à créer.
J'y invite nos architectes. Notre époque en a tous les éléments. Les ingénieurs si préoccupés de l'architecture du fer
ont là très beau jeu Une ordonnance de coloration délicate,
de forme élégante, pure, riche, sur les grands prés verts
serait un contraste exquis de distinction au lieu de ces entassements de bois brut. Si l'on construit en fonte, il ne faut pas

oublier qu'il est très facile de faire grêle, et qu'il faut du corps dans tout monument même dans celui-ci qui plus que tout autre appelle la légèreté.

Quant aux communs il faut chercher à les relier pour l'œil aux hôtels, sans qu'ils les gênent et les touchent. Il faut qu'ils fassent unité de masse générale et servent à la valeur d'ensemble du corps principal. Faute de suivre ce principe, on élève aujourd'hui une multitude d'hôtels de grands prix et qui n'ont l'air que de mesquines constructions à la débandade, avec des contrastantes prétentieuses et souvent laides.

Il faut donc se garder de ces architectures bariolées qu'on applique aux communs, aux marchés, où les briques sont si maladroitement employées. En général, la brique n'est bien que dans les maisons du genre du petit palais Louis XIII de la cour de Versailles, qui peut servir de modèle à beaucoup de petits hôtels ; car ce n'est qu'un hôtel enclavé dans un palais.

On a appliqué cette architecture de très superficiel effet pittoresque à des monuments. L'école de Phares par exemple est striée dans sa longueur de bandes rouges du plus détestable effet. Le rouge est très difficile à employer partout ailleurs qu'en tentures. Les peintres s'y trompent parfois, Rubens lui-même. Les architectes feront bien d'être prudents. On en a mis jusqu'aux graves monuments des collections du Muséum. C'est un contresens que ce bariolage qui manque de sévérité. C'est presque un lieu saint que ces salles qui contiennent les squelettes de l'humanité et de la nature entière. Dailleurs l'édifice tout blanc serait plus beau.

Pourquoi n'emploierait-on pas la brique noire, ou l'ardoise, ou le marbre noir, ou les faïences mattes ou vernies ? On pourrait par ce moyen arriver à s'inspirer sans les imiter des constructions, si éblouissantes, si fantaisistes de Florence et de Pise. On se croit dans les mille et une nuits quand on isole ces monuments de ce qui les entoure, et ils semblent frais comme dans leur jeunesse. Je m'étonne que ce style merveilleux dont on peut tirer si grand parti en le modifiant avec tact, (car il en a besoin si brillant qu'il soit) ne soit pas employé pour les monuments de l'industrie, pour ceux des courses, des hôtels de campagne, des réunions de plaisir. Il aurait du tenter nos architectes.

Les édifices d'Italie sont de marbre ; mais on peut remplacer le marbre noir qui facilement se dépolit à l'air et prend des tons d'ardoises. Quant au marbre blanc on peut le mettre en placages peu coûteux relativement, ou même y suppléer par des faïences non vernies qui restent blanches ; Ce style élégant, lumineux, peut s'employer: dans les bâtisses humbles, briques noires et pierres blanches, dans les constructions moyennes, faïences colorées blanc et noir ; marbres noir et blanc dans les édifices de grand luxe. Avec des rehauts d'or on obtiendrait des monuments brillants comme les faïences d'Italie ou d'Espagne.

On pourrait essayer des placages de ce genre sur le nouvel Hôtel Dieu qui présente de vastes surfaces. Ce style si brillant aurait un effet vivifiant dans le grand espace des quais et rayonnerait. Mieux encore, on peut l'essayer dans les monuments destinés aux théâtres, ceux du Châtelet par exemple. Couronnés par des toits caractéristiques et élancés, flanqués de tourelles rappelant les campaniles, ces constructions dont la carcasse est si lourde prendraient des proportions toutes nouvelles et pourraient devenir un éblouissement. Cependant je préférerais ramener l'Hôtel-Dieu au gothique comme je l'ai dit ; l'hôpital doit avoir un aspect grave et recueilli. Mais je m'étonne qu'un orgueil génial, audacieux et visant à l'effet, comme celui de Madame Sarah Bernhard, n'ait pas eu l'idée de quelque façade de ce genre pour son théâtre. Les lieux de plaisir aiment ces excentricités. Je serais heureux de lui inspirer cette idée qui corrigerait peut-être les horribles façades de ces deux théâtres et lui attirerait de nouveaux admirateurs.

CHAPITRE XIII

LES PARALYSIES DE PARIS

DU QUAI D'ORSAY AU CHAMP DE MARS

I. — Règle générale : partout ou Paris s'immobilise il faut se hâter de lui donner de la vie. Tout établissement, qui, au lieu d'augmenter l'existence, la paralyse, doit être transporté dans un lieu isolé ou il apportera une vie relative.

On doit appliquer cette loi aux établissements publics, fortifications, hôpitaux, cimetières. Quelques exemples suffiront pour montrer tout ensemble la nécessité, la possibilité pratique de ces changements.

Depuis le Pont Royal jusqu'au Champ de Mars, les quais de la rive gauche sont une nécropole.

Pendant que la rive droite s'anime, se peuple, que le quai de la conférence, l'avenue du Trocadéro, deviennent splendides, que Passy double de vie, que ce vaste quartier neuf semble devenir le quartier de l'art ; pendant que le Boulevard Saint-Germain, la rue des Écoles, rivalisent avec la rive droite, le bord de l'eau si poétique et enviable comme habitation reste dans sa tombe.

L'Esplanade des Invalides où sous la fin de l'empire on arrêtait presque chaque soir, la manufacture des tabacs, le campement militaire, l'hôpital militaire, les anciennes écu-

ries de l'empereur, le dépôt des marbres, le Champ de
Mars, c'est la paralysie universelle. Il faut pourtant songer
que le quai est à quelques minutes de la rue de Rivoli, que
la partie la plus extrême de ce parcours vers le Champ de
Mars est par l'avenue Montaigne à un quart d'heure du rond-
point des Champs-Elysées, à 20 minutes du Faubourg St-
Honoré. C'est dire que l'on peut faire de tous ces quartiers
un point vraiment central, vital, en leur donnant la possibilité de se développer.

Que le quai d'Orsay, allant jusqu'au Champs de Mars
avec son nom élégant qui invite, puisse continuer sa série
de vastes hôtels ; tout sera construit en quelques années.
Aussitôt qu'il y a là un vide les hôtels y arrivent. Le Faubourg St-Germain devient trop petit. Beaucoup de grandes
habitations ont été tronquées, dénaturées, rendues désagré-
ables et gênantes. D'autre part le Boulevard St-Germain est
tout entier au commerce.

On veut pour les hôtels des lieux plus aérés.

Madame de Staël préférait le ruisseau de la rue du Bac,
aujourd'hui on aime mieux les beaux espaces. On a raison ;
mais que les hôtels y deviennent des palais. On le peut sans
plus de frais, c'est une affaire de goût et de sens artistique,
nous l'avons dit ; La petite maison de François Ier au quai
de la conférence est palatiale bien que minuscule.

Il faudrait donc transporter les établissements publics du
quai d'Orsay soit au quai de Javel où ils jetteraient une vie
relative, soit vers les boulevards extérieurs de l'autre côté
de Grenelle. J'en dirai autant pour la manutention qui sté-
rilise toute une partie du quai rive droite et jette dans le
quartier ses fumées méphytiques.

L'Esplanade des Invalides serait livrée aux constructions.
Le vaste Boulevard St-Germain la traverserait par un raccord
à la hauteur de la rue Saint-Dominique ; il irait jusqu'au
Champs de Mars et de là aux fortifications ; en pénétrant
Grenelle. Cette grande percée commerçante ferait tout vivre,
et la large voie magnifiquement bâtie, descendant des Inva-

lides à la Seine laisserait voir en son entier l'admirable dôme, devant lequel règnerait selon l'ordre d'architecture du règne de Louis XIV, imposé ici, une immense place dans le genre des Palais Vendôme.

L'Esplanade des Invalides doit se bâtir. Les arbres ne sont plus convenables en ce lieu. Il faut la vie.

Le Palais serait consacré au ministère de la guerre. Depuis que j'ai dit ces mots, il y a des années, les Invalides sont devenus l'admirable musée et le ministère de la guerre. J'en félicite Paris.

Il était bon d'ailleurs d'enlever à Paris cette stagnation des Invalides, hommes souvent encore forts et restant sans travail, qui portaient la débauche dans le quartier. Dangereuse était l'agglomération de cette fénéantise.

Le boulevard St-Germain a jeté sur la rive gauche une vie absolument inattendue ; sa continuation amènera un phénomène analogue des Invalides au Champ de Mars et aux fortifications.

On sera étonné de la vie latente que recèlent ces latitudes lointaines, aujourd'hui perdues. L'activité se manifesterait jusqu'au bout de la cité, et tout porte à penser qu'il y aurait une grande amélioration morale.

S'il y a là des embellissements considérables, il y a aussi une fructueuse affaire. En quelques années les terrains auront doublé, triplé de valeur. Leur prix de vente dépassera les frais. Les anciennes écuries de l'Empereur sont inutiles ; bénéfice net. L'Esplanade des Invalides, vide nuisible dans l'état actuel de Paris, sera vendue ; bénéfice net. Le dépôt des marbres exige peu de frais d'installation. La manufacture des tabacs, les campements militaires n'ont besoin que de bâtiments peu coûteux. Enfin, l'hopital militaire peut être, doit être évacué vers les fortifications. Les bénéfices en tous ces changements sont presque entiers.

Pour des raisons qui se résument en salubrité, moralité, facilité des exercices, nécessité pour Paris de relier ces quartiers isolés en un tout vivant, on devrait transférer l'École

Militaire aux belles casernes de Courbevoie, si facilement aménageables dans ce but. Il pourrait y avoir là des avantages stratégiques outre les avantages sanitaires et civils. La place d'une telle institution est au bout des cités. Courbevoie lieu salubre y semble prédestiné. Tant que l'Ecole Militaire sera au Champ de Mars, Grenelle sera dépravé par la caserne et ne pourra s'unir à Paris. Courbevoie, d'ailleurs dans notre plan nouveau, devient Paris même.

Dans ce projet, les monuments de luxe de l'Ecole Militaire actuelle deviendraient le Ministère de l'Agriculture et et du Commerce. Les immenses casernes formeraient un quartier neuf.

Pour le Champ de Mars il doit rester intact. Vaste place devant le Ministère, il servirait à toutes les expériences favorables à l'Agriculture. Tout inventeur aurait le droit de les présenter chaque jour sur simple avertissement préalable et selon son numéro d'ordre.

Cette magnifique place qui garde tant d'augustes souvenirs, resterait destinée aux fêtes publiques.

N'étant plus immobilisée pour le service militaire, le Champ de Mars pourrait changer son nom trop mythologique. On le nommerait Place de la Fraternité universelle. C'est là que les peuples ont fraternisé dans la Révolution, c'est là qu'ils ont fraternisé par les expositions, c'est là qu'on fraternise par les fêtes nationales.

Que tous ces grands noms pacifiques soient inscrits dans nos monuments et nos places. Le monde comprendra peut-être, comme il le faisait il y a cent ans, que c'est bien là notre âme. Il nous aimera de nouveau. Nous avions tous les peuples pour nous, Napoléon les a tournés contre nous. L'Empire n'est pas l'âme de la France. Il est la résurrection malsaine du vieil empire romain, qui a toujours été combattu par notre idéal. Monde, notre cœur c'est la fédération universelle; notre cœur c'est l'amour. Et il t'apporte aujourd'hui par la méthode science faite le seul moyen de réaliser cet idéal sacré. Quel peuple peut en dire autant?

LE QUAI DU BOULEVARD SAINT-GERMAIN

AU MUSÉUM

II. — Je crois devoir ajouter ces quelques lignes à ce que j'ai dit en parlant de l'Université unique.

Il ne faut jamais accumuler les établissements paralysant, mais les placer de façon que la vie n'en soit pas entravée.

Le muséum est un fort beau square qui utilise un vaste espace. On ne peut pas dire qu'il l'immobilise, car il attire une grande foule. Mais près de lui la Halle aux Vins met fin à l'existence urbaine. Il est donc nuisible de conserver cet établissement isoloir immense et simple entrepôt.

Cet état de choses avait peu d'inconvénients autrefois. Il en a beaucoup aujourd'hui que la double vie de la Bastille et du boulevard St-Germain viennent rénover tout ci côté de Paris.

Il faudrait reporter l'entrepôt des vins à Bercy comme je l'ai dit. On pourrait alors créer un Muséum vraiment digne de Paris, ainsi que nous l'indiquons, et organiser l'Université unique entre la Sorbonne, le Jardin des Plantes agrandi et le Panthéon. L'Université unique serait certes un quartier plein de vie. On construirait comme par enchantement autour et dans ses flancs même. Grande affaire pour la Ville, gloire nouvelle pour la Science et l'éducation française.

On entourerait (par derrière), le Jardin des Plantes agrandi d'un vaste boulevard qui rejoindrait le Panthéon. Il serait rapidement rempli de belles habitations.

On enferme trop les squares. Il faut au contraire les dégager pour qu'on en ait la vue du dehors, que l'habitant, que le passant en jouissent, qu'ils soient attirés. Le boulevard Maillot n'a pour vue qu'un épais taillis. On a bouché sa vue depuis qu'il est construit. Le boulevard qui a une entrevision du parc Monceau s'est formé très rapidement. Va-t-on aussi lui enlever cette perspective C'est un véritable vol. Les habitants ont acheté attirés par la vue. La ville doit conserver le bois et les parcs en l'état. Il faudrait ne fermer le square et le Muséum que par des grilles.

CHAPITRE XIV

PLANTATIONS URBAINES

Plus j'ai réfléchi, plus j'ai pensé que la mode actuelle des plantations dans les rues et les avenues est dangereuse.

Ce qu'il faut avant tout dans les villes, c'est renouveler l'air le faire entrer comme de force dans les habitations, et jusqu'au fond. Ce qu'il faut c'est chasser le miasme. Toute stagnation est fatale.

Les arbres empêchent l'air de voyager, arrêtent les émanations, si bien qu'ils s'entretuent eux-mêmes. Donc ils sont nuisibles, placés trop près des maisons.

Voyez ces fortes plantes l'été ; comme de misérables fleurs elles jaunissent au-dessous et souvent tout entières. Les feuilles tombent prématurément. En juillet déja c'est misérable. Qu'elle cause ? Le manque d'air pur. Nous qui vivons au dessous d'elles, nous en manquons donc plus encore et grâce à elles. Dans les jours lourds, l'atmosphère d'un bois est plus irrespirable, pénible, pesante que l'air de la plaine même au soleil. Les arbres des pays chauds ont souvent des feuillages plus légers que les nôtres. N'est-ce pas pour que l'air y circule plus facilement.

La première de toutes les richesses de vie c'est l'air, la lumière. L'arbre enlève ces deux forces aux appartements qu'il plonge dans l'obscurité, qu'il condamne au miasme stagnant, à l'air déjà respiré, grand danger dont les expériences sont faites. Je n'ai pas besoin de les rappeler ici.

On n'est pas sur de la théorie du renouvellement de l'air par la plante. La double action nocturne et diurne de l'arbre sur l'atmosphère la laisse peut-être en équilibre, sans amélioration. C'est même ce qui me semble probable. Il ne faut donc p s compter sur une théorie peut-être hasardeuse et arrêter imprudemment la circulation de l'air dans nos cités.

Il faudrait en tous cas, sans attendre, faire des expériences définitives à ce sujet. Ce qui est certain c'est que la fièvre typhoïde ne qnitte plus Paris depuis qu'il est planté de tant d'arbres, qui y établissent l'immobilité atmosphérique.

Qu'on ait des jardins, des squares, rien de mieux, que dans les TRÈS larges voies on fasse au milieu une allée ombreuse, mais qu'on dégage les maisons ; que dans les avenues à quatre rangs d'arbres les sujets qui s'entretouffent soient plus espacés.

Les beaux arbres de la ville peuvent facilement être attirés au milieu de la chaussée. Que l'air, que la lumière nous viennent vivifier. Qu'on enlève aussi des berges de la Seine cette plantation qui va y enfermer fatalement les émanations de son eau chargée des détritus d'une capitale. Nous savons par l'analyse que l'eau de Seine est loin d'être salutaire et potable.

De l'air, de l'air, de la lumière, de la lumière ! Toujours plus d'air, toujours plus de lumière ! Mieux vaut une ville en granit, aérée, éclairée, qu'une ville de marécages. Ne soyons pas atteints de la monomanie de l'arbre. Personne ne les aime plus que moi qui adore la nature, mais ne tombons pas dans un fétichisme dangereux et dans l'engouement enfantin.

CHAPITRE XV

LES HOPITAUX

Paris ne devrait avoir que des dépôts provisoires de malades. Les hôpitaux seraient reportés à la campagne ou tout au moins aux fortifications.

Les malades, les valides y gagneraient également. Le voisinage d'un hôpital n'est pas sain pour la population; l'air lourd des villes est mortel pour les malades.

L'hôtel Dieu par exemple est-il bien placé dans la cité? Je ne puis assez m'étonner qu'on l'y ait reconstruit. Les orfèvres du moyen-age s'éloignaient de cet air qui détériorait leurs ouvrages. Bien qu'assainie l'Ile n'en reste pas moins un lieu bas à l'air lourd, dont les crues d'eau inondent les sous sols, quand ils ne sont pas garantis par de fortes substructions. Le malade souffre où le valide reste à l'aise et ne s'aperçoit de rien. Qui ayant le choix d'un hospice, irait à l'hôtel Dieu.

Bien que les autres hôpitaux de Paris n'aient pas les mêmes inconvénients de situation, ils ont ce danger commun d'être des hôpitaux. Lieux méphytiques ils paralysent d'immenses espaces, cause de malaise, de mort pour les vivants, vers lesquels ils chassent sans cesse un air vicié. C'est avant tout la pureté de l'air qu'il faut conserver dans les villes.

En général dans les provinces les hôpitaux sont placés

dans les faubourgs où l'air est libre. Il en a été de même
dans notre capitale et dans tous les grands centres populeux.
Qu'on ait bâti l'hôtel Dieu dans la cité quand elle était tout
Paris, on le comprend; mais qu'on l'y laisse depuis tant de
siècles, C'est inconcevable. Les quartiers isolés sont devenus
centres. Il faut rétablir la position primitive et seule ration-
nelle et prudente des établissements hospitaliers, en les re-
poussant au moins vers les faubourgs. On pourrait établir
cette règle générale: tous les deux cents ans les hôpitaux
sont à reporter vers la campagne et l'air libre.

Ces transports d'établissements publics d'ailleurs sont
tout à l'avantage des villes, parce qu'ils sont un élargissement des rayons de vie.

En même temps qu'il résulte une plus grande intensité
d'existence au centre, l'hôpital placé vers les fortifications y
créera une vie nouvelle. Les terrains qu'il laissera libres seraient saisis par l'activité commerciale achetés à haut prix,
car il faut toujours tenir compte des finances des cités en
toutes les questions qui nous occupent.

La situation de ces hôpitaux non loin des faubourgs les
rendrait commodes pour la population. Transport à prix réduit ou même gratuit des parents pauvres le jeudi et le dimanche et à certaines fêtes.

On choisirait des lieux protégés par les vents, on créerait
de petites provences pour les convalescents. Partout on aurait
de l'air pur, dans l'hospice et dans les promenades. On a senti
ces nécessités quand on a placé au Vésinet des hospices de
convalescents; intelligente institution, et, m'a-t-on assuré,
très bien ordonnée. Ce précédent est à consulter, à renouveler.

CHAPITRE XVI

LES FORTIFICATIONS

COMPLÉMENT DE PARIS

I. — Il serait salubre et beau de planter les glacis des fortifications, si l'on en fait de nouvelles analogues aux anciennes. Qu'on ne jette pas tout d'abord les hauts cris. Cette promenade populaire serait la joie et la santé des faubourgs. Les chemins de rempart ont un charme rêveur.

Ne dites pas que si la guerre arrive il faudra la détruire. Nous n'aurons pas souvent des sièges de Paris. Notre armée est profondément patriote, sans peur et sans reproche quoiqu'on dise et quoiqu'on fasse. Quelques traîtres ne peuvent la déshonorer.

D'ailleurs il faut détruire ces arbres, ils serviront à chauffer, pendant les horribles hivers d'investissement, une population sans travail. Ils seront le grenier à bois de Paris. On ne sera pas obligé de détruire les promenades publiques de premier ordre comme en 1870. On devrait planter les fortifications ne fut-ce que dans cette prévision.

Traiter ces monticules et ces murs avec le même esprit que du temps de Vauban et qu'avant la guerre, est hors de raison. Les armes à longue portée ne leur donnent plus qu'un rôle de barricade. Cependant on semble les garder plus sévèrement alors qu'elles sont moins utiles. La zône était bâtie; on empêche aujourd'hui d'y rien élever.

Cette zône extérieure et intérieure des fortifications est un coupe-gorge isolant Paris de ses banlieues. Elle porte préjudice à tous. Qu'on y fasse donc un vaste boulevard et qu'il soit permis d'y bâtir.

Pour tout ce qui touche aux divers avant-projets exposés ici, qu'on réfléchisse que les terrains se vendraient facilement, que bientôt il ne va plus y en avoir pour la spéculation, c'est-à-dire pour l'embellissement de Paris. L'heure est opportune pour en ouvrir de nouveaux au dedans et au dehors des fortifications. Paris se sent à l'étroit et veut crever ses murailles.

II. — Les villes s'agrandissent à l'ouest. Vont elles instinctivement chercher l'air moins imprégné de miasmes que les vents de l'ouest et du sud rejettent vers l'est et le nord des grands centres populeux ?

A Paris toutes les petites cités de l'ouest et même des autres orients sont prêtes et attendent. La Ville n'a qu'à exploiter cette immense richesse. Les anglais se sont très bien rendu compte qu'amener à Londres toutes les petites villes accolées c'était l'enrichir. Les américains en ont fait autant à New-York. Tous ont très bien compris que c'était augmenter le prestige de leur pays que de lui donner pour capitale une ville de trois ou quatre millions d'âmes. Les mots ont la puissance d'éblouir et d'enivrer les hommes.

Cette cité colossale nous pouvons l'avoir, nous l'avons ; il suffit de reculer les octrois. L'accroissement de la renommée nationale est d'un grand poids ici. Il faut penser encore qu'un siège de Paris serait à l'avenir plus difficile. Une telle étendue interdirait l'investissement.

Neuilly, Levallois, Boulogne, Billancourt, Clichy, Courbevoie, Asnières, Suresnes, Puteaux et d'autre part St. Denis Vincennes, Charanton sont plus peuplés que les faubourgs de Paris. Faites l'annexion; les vides seront comblés. Ce projet se relie à celui de Paris port de mer et à celui de l'entrée triomphale.

A l'ouest rien ne s'opposerait à ce que les fortifications fussent reportées au delà de Courbevoie et du Mont Valérien.

Le Génie militaire n'y trouve rien à redire ; bien plus il croit que les fortifiaations doivent être simplifiées.

La revente des terrains seraient un bénéfice considérable pour la ville.

Les hauteurs de St. Cloud, Courbevoie doivent être enfermées dans la cité. Stratégiquement cette mesure est indispensable; ces coteaux dominent les défenses intérieures. Les ennemis au contraire s'en trouveraient dominés. — La Seine serait la seconde ligne.

La gare de la voie triomphale, l'Ecole militaire transportée aux casernes de Courbevoie, seraient naturellement dans la Cité. Si d'ailleurs, on relie ce projet avec celui que nous développons à *Paris port de mer*, on comprendra ce que le Paris de la Science, le Paris de l'Avenir doit être nécessairement, et prochainement, si l'on veut, la capitale de l'univers.

III. — Je verrais ce développement de la ville immense avec bonheur. Il y a là une fécondation nouvelle de la cité, mais il y a aussi une question de moralisation, de rénovation. On ne demande qu'à ne plus habiter les belles casernes serrées du centre de Paris. On aimerait vivre chez soi. Vie d'intérieur, système d'habitation qui à lui seul est moralisateur. On est loin du centre. Pour courir au plaisir le soir, il faut une fatigue nouvelle. On reste en famille. Peu à peu la gravité se fait dans les esprits, dans les mœurs, par la force seule de la situation. On n'en est plus étourdi, grisé. Le père de famille se hâte le soir vers le repos et la paix de l'intérieur. Rester chez soi, sortir de chez soi sont des habitudes. On perd le goût de l'existence éventée. Le sérieux de la vie est bien près de la vertu. Les gouvernants, la Ville doivent pousser le plus qu'ils peuvent à ces habitations familliales. Mais il faut des zónes où le prix des terrains soit abordable, de belles avenues, des communications faciles, donc il faut donner à Paris les nouveaux terrains que je demande pour lui.

CHAPITRE XVII

LES CIMETIÈRES

I. — Dans les petites villes et les villages, les cimetières sont placés aux quartiers éloignés ou même dans la campagne voisine ; c'est la règle générale. Elle est sage.

Il n'en fut pas toujours ainsi, Le moyen âge en perpétuelles guerres et aussi par désir d'être plus près de son prêtre et de son Dieu, dont ils avaient si grande peur, avait placé les cimetières dans ou prés des églises. Quand Pitard fonda la confrérie des chirurgiens, qui devint la base de notre organisation hospitalière laïque, l'église de la confrérie avait un cimetière, un charnier, au coin de la rue de la Harpe. Lorsque la vie parisienne eut débordé de la cité, on vit le le danger. Peu a peu on a relégué les cimetières loin des églises, loin du centre des villes. Le Père la Chaize était bien placé quand le confesseur de Louis XIV le fonda. Mais la vie a été à ce champ des morts. Il est déjà comme les charniers de la rue de la Harpe et des Innocents, le cimetière de Mont-Martre, de Passy, en plein cœur de l'existence.

Nous sommes arrivés à la nécessité de prendre une mesure analogue à celle du passé ; moins radicale, moins pénible pourtant. Il dut être cruel pour nos pères de séparer leurs reliques aimées de leurs églises. Plus de cela aujourd'hui. Le croyant retrouvera partout la terre de ces lieux sacrés, après une aspersion d'eau bénite. Ce changement ne déchire donc plus la fibre si susceptible de la Foi.

On sent donc qu'il est plus nécessaire que jamais d'éloigner les cimetieres. Tous les habitants consentiront, car les amas de morts toujours plus considérables, sont plus mortels pour les vivants.

Expropriation pour cause d'utilité publique. On exproprie les vivants, on les jette hors de chez eux au risque de les tuer de douleur, et l'on ne pourrait reporter le lieu de repos des restes humains à quelques mètres, à quelques kilomètres plus loin ! Exproprier les morts serait impiété quand ils menacent la vie et entravent le progrès de la cité ! Les cadavres dorment aussi bien dans ce mètre cube que dans l'autre. Et puis les morts aimés sont-ils dans la tombe? Cette poussière n'est plus eux, c'est un souvenir, voilà tout. L'âme seule vit et les cœurs qui aiment peuvent vivre avec elle.

Place à la vie? C'est la loi de nature, la loi de salubrité, la loi de progrès, la loi de bon sens. Le cœur n'en sera point blessé, car on peut honorer ses amis aussi bien sur ce tumulus nouveau que sur l'ancien. Vous insultez ces morts sous prétexte de les respecter. S'ils vivaient, ils seraient les premiers à vouloir transporter leur dernière demeure dans un lieu qui ne fut pas nuisible à la patrie en progrès.

Les cimetières rendus aux vivants après avoir été assainis et pieusement délivrés des dépouilles vénérées, deviendraient pour la Ville de Paris une richesse et une source de beautés nouvelles.

II. — La crémation a des partisans. L'on est sûr que le peu de cendres auquel on a réduit l'être aimé pourra résister plus longtemps que le cadavre même. Mais l'habitude la repousse. La tombe représente à l'esprit, au cœur, le corps entier qu'on y a vu mettre. L'urne est une abstraction. Cette pincée de cendre figure mal l'être aimé. L'attache du cœur, le respect, le souvenir s'affaiblissent. On s'habitue, à cette urne, on se blase. Que deviendra-t-elle? Elle est si facile à transporter. Je doute que le colombarium antique excitât les mêmes pleurs, la même émotion, la même vénération que notre cimetière. Il faudrait se garder d'atténuer ce noble sentiment. Le peuple parisien vit bien avec ses morts. C'est un peu matériel, mais c'est noble, c'est tendre. Les grands esprits vivent avec les âmes, les esprits incultes ont besoin de se sentir près de ce qui fut chair.

Le bienfait de la crémation serait la salubrité. En éloignant le cimetière le danger disparaît. Cet avantage ne compense donc pas le risque moral que l'on court et auquel il faut penser. La crémation peut avoir un véritable danger social, celui de faciliter les crimes par la certitude d'en effacer immédiatement les traces. Les empoisonnements par les héritiers, par les fils, étaient innombrables à Rome dès la République. La crémation n'y avait elle point sa part de responsabilité !

Je pense qu'il faudrait mettre à exécution sans retard le projet des cimetières hors Paris. Un chemin de fer desservirait les champs de repos nouveaux. Les troisièmes classes seraient gratuites et le nombre des wagons serait imposé proportionnel à la population.

CHAPITRE XVIII

LE FLEUVE

I. — Dans une cité le fleuve est un des plus beaux ornements naturels, pourvu que l'art sache en tirer parti. Il est
bon qu'il soit d'une largeur proportionnelle à la vue de
l'homme. Trop vaste il détruit la cohésion des villes, c'est
l'effet de la Tamise. Trop étroit, leur impression de grandeur
diminue, c'est l'effet du Tibre et de l'Arno.

J'ai souvent entendu les Anglais, habitués à leur cours
d'eau d'embouchure, trouver que la Seine était un fleuve
indigne de Paris. Le vrai est que la Tamise est beaucoup
trop distendue et qu'il vaudrait mieux que la Seine fut large
comme le Rhône ou tout au moins ne fut pas maladroitement
rétrécie. Malheureusement pour l'art, depuis longues
années on ne fait que la diminuer. La grandeur de la ville y
perd, le danger des innondations augmente.

On vient de l'entourer d'un rang d'arbres de fortes espèces. Dans peu de temps, ils vont former un rideau qui cachera
les mille admirables tableaux du décor magique et très noble
de la Seine, On va changer le beau fleuve en saulaie de province, rapetisser sa majesté très grande dans les fortes masses
de granit qui l'entourent. On nous abîme la Seine.

Je veux bien que de distance en distance, et encore avec
grande modération, avec tout le talent d'un vrai dessinateur

paysagiste, aux bons endroits, on plante sur les plus larges berges des arbres en bouquets élégants. Faire plus est une faute au point de vue de l'art et au point de vue de l'hygiène.

L'air stagnant sur les riviéres n'est jamais sain comme l'air libre battu par le vent, pénétré par la lumiére. Le brouillard traîne longtemps sur la Seine le matin, jusqu'à midi. Avec ces arbres il ne sera jamais balayé par la brise, percé par le soleil. Vous pouvez assainir Paris en plantant les boulevards, les squares, les glacis des fortifications, mais en encombrant ainsi les berges de la Seine vous en augmentez l'insalubrité. Il y a déjà des rues fiévreuses aux environs; ses bords étaient malsains au moyen âge du temps que les berges étaient couvertes d'arbres. Ces observations sont graves, j'invite les docteurs et les édiles à y réfléchir.

LES PHARES DE LA SEINE

ET DES VOIES DANGEREUSES

II. — Les abords des fleuves sont un des endroits les plus périlleux des cités. Le meurtre, le suicide y abondent. Il est difficile de comprendre qu'on puisse la nuit traverser les ponts de la Tamise sans être arrêté, avec le demi-million de gueux que contient Londres.

La navigation cessant avec le crépuscule fait des fleuves urbains une solitude redoutable. J'ai failli être jeté à la Seine à 9 heures du soir sur le quai de la Conférence, passant seul sur le trottoir en hiver.

Le problème est double : rendre le parcours aussi sûr la nuit que le jour pour la navigation, les passants des quais et des ponts; rapidement apporter les secours aux accidents. La solution est complexe.

Placer à la pointe est et ouest de l'île des Cygnes, à la pointe est et ouest de la Cité quatre gigantesques statues qui serviront de phares. L'électricité le permet.

A la pointe est de la Cité la statue représenterait l'Histoire ;
à la pointe ouest, la Science ; à la pointe est de l'île des
Cygnes, la Liberté ; à la pointe ouest, le Progrès. Ces colosses seraient de fonte ou de bronze. Mieux vaudrait le bronze
sans doute.

Je crois qu'il conviendrait de placer une statue dans le
genre de la Liberté américaine de Bartholdi, à la pointe est
de l'île des Cygnes. Elle y remplirait le même rôle que sur
l'écueil américain. Ces deux statues sœurs seraient un lien
toujours susbsistant et sensible entre la France et l'Amérique. Il faut rappeler à ces deux peuples qu'ils doivent
conserver leur idéal. Si la France et l'Amérique le font et
s'allient, ce qui serait la simple logique de la naissance de
leur liberté et leur devoir, elles mèneront le monde à l'indépendance par l'amour ; sinon que de maux ! Cela sera si
l'Amérique conserve sa moralité et ne s'énivre pas d'égoïsme. Mais hélas !

Immense, ce fanal apporterait la sécurité dans les vastes
espaces du Champ de Mars et du Trocadéro et des quais de
la Seine. Ses feux passeraient par dessus la pointe de terre
que forme le Champ de Mars et irait éclairer le pont de la
Concorde.

La statue colossale de la Science qui se trouverait sur le
terre-plein du Pont-Neuf lancerait ses lumières jusqu'au
pont de la Concorde, ou elles se croiseraient avec celle de la
statue de la Liberté de l'île des Cygnes.

La statue de l'Histoire bien à sa place à la pointe est de la
cité où naquit Paris, projetterait ses feux jusques et au delà
du pont d'Austerlitz.

A la pointe ouest de l'île des Cygnes, la statue du Progrès
éclairerait jusqu'au Point du Jour les flots qui s'envont vers
les mers et vers le monde.

Dans l'intervalle on pourrait mettre des feux secondaires
si besoin était.

Quant à cette île des Cygnes, affreuse chaussée qui
mérite si peu aujourd'hui son nom poétique. On pourrait la

rendre agréable. Aux deux bouts, les deux statues seraient placées sur deux amas de rochers imitant des écueils. La partie entre les deux ponts, sans rien changer à sa base propice à la navigation, serait couronnée d'une corniche et d'une galerie à l'Italienne formant balcon. On changerait l'île en promenade en l'élargissant en haut par un mur perpendiculaire à la base.

Aspect grandiose et pittoresque, éclosion de belles œuvres d'art, sécurité du Champ de Mars, du Trocadéro, dés quais, du parcours de la Seine dans tout Paris, navigation possible des bateaux à vapeur à toute heure de nuit, facilités des secours à tous les sinistres, tel est le résultat de ce projet que j'indique et qui pourrait être complété.

On pourrait de même placer des phares à longue portée dans toutes les voies dangereuses de Paris avec croisements des feux. Par exemple dans tout le parcours des boulevards extérieurs.

Tout cela est trop immense dira-t-on ! Souvenez-vous que lorsque nous découvrons des monuments égyptiens il nous semblent sortir du Génie d'hommes de cent pieds de haut.

La statue américaine a je crois 64 mètres de hauteur. Pour placer à l'île des Cygnes une statue il faudrait en réduire la taille, nous ne sommes plus en mer.

On devrait la rapetisser le moins possible, car il nous faut un étalon qui nous force à grandir le caractère de nos monuments. Il ne s'agit plus de joliesse, il faut la beauté dans sa plus solennelle ampleur.

On ne pourrait conserver à une statue toute cette hauteur que pour la placer en haut du Mont-Valérien, comme je l'ai dit. Ce serait la statue de l'Alliance universelle. De là son phare éclairerait le Bois de Boulogne pour les promenades de nuit.

II. — Les ponts et les fleuves exigent la nuit une surveillance spéciale. Il y a donc nécessité de mettre une garde au milieu des ponts avec un escalier de descente et une barque.

On abandonne tout au hasard de l'obscurité, et des ren-

contres. Passant sur le quai près du pont de l'Alma, il y a
des années, à la nuit tombée. J'entendis tout-à-coup les
cris désespérés d'un homme. Ils partaient du milieu de l'eau
Je ne voyais rien. Nageur médiocre, je me serais noyé avec
lui. J'appelai au secours, je courus sur la berge chercher une
barque, j'encourageais le malheureux qu'on avait précipité
ou qui venait de se jetter du pont. La barque arriva, nous
n'entendions plus les cris, nous ne trouvâmes rien. Le malheureux avait coulé a bout d'efforts.

De telles émotions ne s'oublient pas. Il serait facile d'éviter ces malheurs avec l'éclairage que j'indique, que l'on peut
compléter s'il est insuffisant et avec les gardes du pont.

Tous les ponts devraient avoir ce poste de soldats et de
mariniers, une sentinelle devrait être placée à chaque entrée
de pont. Que de crimes, de suicides prévus par des mesures
aussi simples. Des sentinelles honorifiques veillent à la porte
d'un officier qui n'a rien à redouter. On ne se donne pas la
peine d'en placer aux endroits périlleux des villes. Et l'on
a une armée qui dort dans les casernes sa grasse nuit

Certains quais ont besoin d'être mis à l'abri des inondations. Il y a peu d'années Bercy, Passy ont été longtemps
inondés. On a travaillé à Bercy, mais à Passy on n'a rien
fait. Il était cependant facile de relever le quai de cinquante
centimètres devant le passerelle et devant la manutention.
Pendant qu'on faisait les déblais du Trocadéro, dont la pente
eut été moins raide dans la partie carossable. Ce travail de
première nécessité était aussi important que le jardin. On
devrait surtout cesser de rapetisser le lit du fleuve.

CHAPITRE XIX

FONTAINES PUBLIQUES, SALUBRITÉ
PUITS D'IRRIGATION

I. — Paris n'est pas suffisamment bien tenu. Tous les étés on se plaint. On a enlevé les fontaines coulantes pour faire commerce de l'eau. Les ruisseaux manquent d'arrosage et empestent dans les grands quartiers après quelques jours d'été sans pluies. Les épidémies s'ensuivent.

Les égouts qui reçoivent les matières fécales seraient lavés sans cesse si l'on avait laissé les fontaines, ces matières seraient chassées. Non dangereuses quand elles n'ont que des exhalaisons ammoniacales, elles le deviennent quand la fermentation arrive. Il faut rétablir les fontaines coulantes aussi bien pour l'égout que pour le ruisseau. La santé publique est à ce prix.

Les cantonniers devraient arroser tous les matins les trottoirs, mesure bien simple. En Belgique, en Angleterre, où il fait moins chaud qu'en France, on lave les rez-de-chaussée et les trottoirs tous les jours. En Amérique, on va jusqu'à laver les maisons du haut en bas, tous les huit jours.

Les habitudes de propreté chez nous sont insuffisantes.

Ces soins des habitations sont protecteurs contre les mala-
dies et doivent être, les uns recommandés, les autres
exigés.

Il appartient aux députés de Paris d'appeler l'attention
sur toutes les questions traitées ici.

II. — Les grandes villes ne seront vraiment assainies que
lorsque par un système d'irrigation continu, l'eau y coulera
nuit et jour.

A Paris en étudiant les pentes on peut arriver á un résultat :

Que sur les sept collines on creuse des puits artésiens en
nombre suffisant. L'eau incessamment active, sera partagée
entre tous les versants, ménagée par des pentes de façon à
passer dans toutes les rues jusqu'au fleuve.

Ces puits artésiens pourraient donner l'occasion de beaux
monuments comme les fontaines de Trévi ou Pauline, ou
des monuments isolés et complets par eux mêmes, comme
la pittoresque fontaine du Luxembourg, un peu lourde mais
ayant de la grandeur.

On avait l'occasion d'élever un de ces édifices dans le
square Lamartine au puits artésien ; on en a fait un refuge à
coquins. Il leur a déjà servi il y a quelques années pour
envahir et dévaliser un petit hôtel voisin. On pourrait
facilement prévoir ce danger des massifs impénétrables en
pleine cité. On a vu qu'auprès du palais des Champ-Elysées
les assassins savaient les utiliser. Un corps de femme fut
trouvé là naguére, elle avait été étranglée et volée.

CHAPITRE XX

LA BANLIEUE DE PARIS

Dans les races artistes, celles du soleil, depuis le sauvage jusqu'au civilisé, depuis le paysan jusqu'à l'homme instruit tout nait beau. L'art leur coule des doigts, de la bouche, comme le souffle et la parole. Il s'échappe d'eux comme la perspiration des pores. Ces simples voient par leur simplicité même les rapports généraux de la beauté. Les vases, les ustensiles, les ajustements, les décorations, les broderies, le costume, les langues, les chants, tout est harmonie et beauté. L'art semble inné, tant il saisissent rapidement ces rapports.

Dans le pays du froid, et déjà nous y sommes, hélas! sauf quelques exceptions, on ne fait de l'art qu'à force d'études. Un petit nombre pénètre la beauté ; le reste, depuis le demi-sachant, plein des préjugés et des faux systèmes ambiants, jusqu'à l'aplati par une civilisation qui l'écrase, le reste vit indifférent ou hostile à la beauté. Il faut apprendre l'art ! Quelle honte! Et combien ne le sentent jamais, ou le sentent à faux, ce qui est ne le sentir pas.

Cependant nos races furent artistes. Les rois francs faisaient faire des plats d'or pour la gloire de leur nation. Nos vitrines sont pleines de merveilles d'art de nos pères. Mais nous sommes passés par des décadences morales, intellec-

tuelles, artistiques que nous ont laissé notre équilibre naturel à reconstruire. L'art ne subit pas impunément des
Louis XV. La dépravation du goût qui suit de tels dérange-
ments moraux est tenace.

Quand on passe dans ces montagnes isolées de l'Italie, ces
villages blancs blottis dans le vert tendre des oliviers ont un
charme exquis. Tout y est : la pureté des profils, la distri-
bution, la justesse du contraste, des couleurs, la forme harmonieuse des habitations et des petites cités. Ces cénotaphes
blancs qui sont les maisons dans ces bois verts ont une délicatesse inconnue partout ailleurs.

Par contre rien n'égale la laideur de la banlieue de Paris.
Un Russe me disait un jour avec l'accent joli qu'ont les hommes de sa nation parlant le français : Voilà qui est outrageu-
semet vilain. C'est vrai, et cela blesse. La case du sauvage,
le toit de chaume du porc au fond d'un hameau, tout à de
l'harmonie auprès de cette gageure contre l'art. Vers la
Touraine et Bordeaux les constructions humbles ont un
cachet d'élégance facile ; vers Lyon et la Méditerrannée les
proportions contractées du roman, qu'on retrouve encore dans
les vieux quartiers de Rome, gardent un style. Dans la banlieue de Paris, la platitude, jointe à la laideur criarde, s'étale
cyniquement.

Certes il n'y a rien à refaire ici, rien à réparer, rien à
raccommoder. On ne peut demander l'amélioration qu'à
l'école et à l'instruction ; à l'école de dessin surtout, qui fera
des artistes de tous les manouvriers et leur apprendra à mettre dans leurs œuvres les plus modestes, un sens de beauté
qui doit être dans tout ce qui sort de la main de l'homme,
pour qu'il soit vraiment l'homme. Les bas-reliefs incrustés
des hommes fossiles montrent de déjà l'art. Nos habitants de
banlieue n'ont même pas cela. C'est la laideur poussée à
l'ineptie.

Ne pourrait-on remédier à cet état pitoyable en demandant au conseil consultatif des améliorations de Paris, aux
architectes, aux artistes, une série de plans de façades d'ha-

bitations les plus humbles, les moins coûteuses, les plus
utiles, toits à porcs, étables, écuries, cahuttes de journaliers,
habitations de blanchisseurs, de maraîchers, petites usines,
granges, petites maisons, kiosques de plaisance, où, sans
fausse coquetterie, le sens de de la beauté des proportions
serait accusé. Ces avant-projets de toutes sortes de constructions utilitaires et paysannes seraient placés dans une vitrine
aux gares, aux vestibules de toutes les mairies de la banlieue et des campagnes.

Les habitants pourraient librement et sans avoir à demander de permission, les consulter, les copier, les faire copier
par l'entrepreneur, on pourrait même leur en donner des
photographies.

Beaucoup seraient fort heureux de ces idées toutes prêtes
au prix de revient marqué. L'art se répandrait peu à peu
dans la trop insouciante race utilitaire et paresseuse.

De même nos ustensiles sont laids en majorité. Ceux des
Grecs, des Romains, des Etrusques, des Indiens, des Levan-
tins, des Italiens, etc., ont du cachet ou même sont beaux.
J'ai des vases des paysans des baléares qui ont beaucoup de
beauté. On pourrait donner des projets d'ustensiles de
ménage, poëles, cheminées, vases, sceaux, qu'on enverrait
à toutes les mairies pour y être sans cesse à la disposition
des industriels et du public.

Vivons dans la beauté, imprégnons nous d'elle, on s'élève
par elle. Le beau, le vrai, le bien ont des affinités secrètes.
On fait bien des musées commerciaux pour nos colonies, on
ferait des collections pour aider nos hommes de banlieue à
faire des œuvres dignes de la France au lieu de celles qui
déshonorent nos paysages.

CHAPITRE XXI

DES AUTOMOBILES

LES VÉHICULES DE L'ÈRE DE LA SCIENCE

I. — Puisque nous nous occupons de l'ère de la science, il faut dire un mot de ses véhicules.

L'automobilisme a un avenir d'une portée indéfinie. C'est l'homme en face du mouvement fendant l'étendue par sa seule volonté. Il n'est plus contraint de demander l'intermédiaire de l'homme ou de l'animal. C'est une prise de possession directe de l'énergie. On ne peut trop admirer ; c'est la force de la nature assimilée par l'homme. C'est la force divine devenant humaine.

Mais nous devons aussi nous préoccuper de la question d'art. Il faut avouer que ces voitures à angles secs, aigus, sont des chefs-d'œuvre de laideur.

Puisque nous nous occupons de la beauté dans les objets usuels, il faut parler de celle des automobiles, qui sont les voitures, et bientôt les coursiers de l'ère de la science.

Peu de voitures sont belles d'ailleurs. Ce qui les embellit ce sont les chevaux, leurs admirables allures, leurs formes magnifiques. Mais dans leur isolement les automobiles comme toutes les voitures sont sans beauté malgré tous les efforts des fabricants. Ces lignes géométriques, dures, inertes, n'inspirent aucun intérêt. Un landeau découvert orné de femmes a de la grâce, mais ce sont les femmes qui la lui donnent.

Les formes de la vie sont plus attachantes parcequ'elles sont plus mouvantes, plus variées, plus assouplies et harmonieuses.

On eut le sens confus de cette vérité sous Louis XIV pour la construction des traineaux de patinage. Certes leurs lignes étaient contournées et lourdes souvent, mais on cherchait un idéal. On donnait au traineau la figure d'un animal en action : un cygne supportait ou semblait entrainer des femmes. On essayait une poésie, on voulait une beauté. Les lignes de ces êtres vivants si riches et multiples semblaient plus belles que ces lignes de tableaux mathématiques. La vie a des charmes que n'a pas l'abstraction.

On pourrait donner aux automobiles des formes animales. L'éléphant blanc porterait une famille, une compagnie entière ; le lion, le tigre, le jaguar, l'ours blanc traineraient des femmes ou des dandys. L'aigle, le condor, les phaétons sembleraient les enlever. Nos artiste peintres et sculpteurs pourraient ici se mettre à la tâche et donner leurs conceptions et leurs maquettes, qui, je n'en doute pas présenteraient des résultats charmants.

Au moins on nous dédomagerait de la tournure un peu ridicule que la bicyclette inflige à ses cavaliers et cavalières. Ce joujou ne va bien qu'aux enfants qui sont là-dessus très gentils dans leur petit tour de force. Mais si la bicyclette n'embellit pas l'homme elle lui est fort utile par sa rapidité inouïe.

Je pense que des sculpteurs habiles et originaux arriveront à nous donner le pendant de ces chars antiques qui devaient être admirables, trainés par les animaux indomptés lions, tigres, au milieu des foules.

Ces fantaisies de dandys éclateront sans doute bientôt et peut-être entraineront l'industrie. On pourrait voir tout cela bondir à l'exposition. Ce ne serait peut-être pas un des moindres attraits pour la curiosité que des courses sur des tigres ou des lions par des femmes audacieuses et dont l'orgueil aime l'excentricité. Il y en a beaucoup dans notre société moderne qui semblent prendre le contrepied de la candeur de nos mères !

TITRE SIXIÈME

PARIS VILLE DE L'ORDRE

> On ne peut sauver et établir l'ordre dans la liberté que par les lois de la Science, cette impersonnalité de l'esprit, et par le dévouement, cette impersonnalité du cœur.
>
> STRADA (*Partout*).

CHAPITRE PREMIER

PROJET MUNICIPAL POUR PARIS

ET LES GRANDS CENTRES

Chaque grande cité compte un collège électoral par arrondissement. Chaque arrondissement devrait avoir son conseil municipal qui pourvoirait aux interêts de ses administrés.

Paris aurait donc pour chacun de ses arrondissements, un conseil municipal communiquant directement avec le Ministère de l'Intérieur.

Par cet ordre les conseils municipaux ne courraient pas le risque de devenir un pouvoir politique. Ils resteraient simples présidents de cités, leur importance se limiterait à leurs fonctions. Le redoutable conflit qui troubla la Revolution et fut une des causes de sa chûte ne pourrait plus s'élever. L'alliance des communes entre elles, étant plus difficile, ne présente pas les mêmes inconvénients.

En multipliant ainsi les conseils municipaux et par là le nombre des conseillers on formerait plus de bons esprits aux affaires, chose indispensable aux Républiques.

Les grandes villes, comme Paris, n'ayant pas une seule direction étroitement centralisée, pourraient s'agrandir indéfinimont sans excès de travail comme il survient pour un conseil municipal unique.

On se contenterait de fonder un, deux, cinq conseils d'arrondissements nouveaux selon le besoin. Bien des questions qui embarrassent pour l'agrandissement de Paris et le rendent difficile avec l'organisation actuelle seraient tranchées par cette seule mesure.

Au lieu de l'incurie ou de la partialité d'un conseil municipal unique, on aurait l'émulation continue des conseils cherchant à se surpasser en bienfaits et en heureuses innovations. Ce serait le salut des souffrants, le bien-être pour tous, le progrès continu. Pour les projets communs il serait nécessaire qu'ils s'entendissent.

Un conseil municipal unique est une dictature dangereuse au point de vue économique comme au point de vue politique. Des conseils municipaux d'arrondissement seraient plus attentifs, plus zélés, plus intéressés à la prospérité et à l'embellissement de leurs quartiers ; et tous les quartiers rivalisant de zèle s'embelliraient et s'assainiraient également.

Les finances des différents conseils seraient mises en commun jusqu'à un chiffre reconnu nécessaire aux arrondissements les plus pauvres. De cette façon les embellissements des quartiers les plus nécessiteux seraient assurés.

Donc en résumé il appartient aux conseils municipaux de chaque arrondissement de faire tous les travaux spéciaux à leur quartier, à tous les conseils réunis en conseil unique le devoir d'accomplir des améliorations qui regardent l'ensemble de la Ville. A eux aussi de solliciter les Ministres, les Chambres, les Présidents à accomplir celles où l'État peut être mêlé. A eux encore de presser pour mettre en œuvre l'ordre nouveau qui en surgira.

CHAPITRE II

PARIS CAPITALE DE L'UNIVERS

I. — Toutes les falsifications de l'histoire ne peuvent prévaloir contre cette affirmation que j'ai prouvée dans l'*Histoire de France* et dans l'*Épopée* humaine qui en donne l'esprit : *La France fut la mère de l'Europe.*

C'est elle qui a dit aux barbares de tous les Orients, Mores, Lombards, Allemands, Anglais, Huns, Goths et autres : « Vous n'irez pas plus loin ! » C'est elle qui, par là a fixé les nations modernes dans leurs territoires. La France est le peuple d'équilibre. C'est elle qui recueillant les restes de la civilisation antique par Charlemagne (qui n'appartient qu'à nous seuls), a fait avec notre idéal frank, les chevaliers, les cahiers, les libertés du moyen-âge. C'est elle qui par Abeylard et Rabelais (que Bacon dogmatisa), fait renaître le rationalisme grec. C'est elle qui par Descartes l'a philosophiquement et définitivement affirmé. C'est elle qui par la Révolution a renouvelé la liberté et le monde. C'est Paris qui a fait tout cela étant le porte-parole et l'âme de la France. On lui a bien donné son vrai nom en l'appelant la capitale de l'univers.

C'est le passé. L'avenir a de nouvelles exigences.

A l'heure où les diverses Fois qui vivent en France la mettent en danger comme elles y ont mis les nations engourdies dans leur ombre, au milieu des efforts haineux, effroyables et tenaces de deux peuples séculairement ennemis pour arracher à notre patrie sa primauté morale, il faut que Paris ait une marche unie et sure.

II. — Il est très facile de comprendre que le critérium de la vie fait tout. Donc l'on ne marche que par la MÉTHODE de penser.

Cette science seule conduit l'homme et les peuples selon que son caractère est faux ou vrai. Le choix d'un critérium infaillible fait non seulement l'esprit des hommes, il fait aussi leur caractère. Il est la loi secrète du développement des nations et des individus. On est esclave et tyran, quand on attribue l'infaillibité aux dogmes, aux hommes qui les représentent ; on est infatué et léger, quand on attribue le critérium à sa propre raison. Un peuple, un homme valent ce que vaut un critérium choisi. Qui ne comprend pas cette vérité est incapable de remonter au problème de la vie humaine.

Paris, par la *Méthode et le critérium rationaliste* a été une ville de soubresauts. Il faut qu'il devienne une ville ayant l'esprit de suite, les longs desseins et le calme scientifique dans l'action. Questions de vie ou de mort pour la Liberté que seule la France défend.

Paris ne peut avoir cette puissance que par une méthode où ni la *Raison*, ni les *Représentants des Fois* ne puissent pousser à tous les critères infaillibles. Il faut le seul infaillible critérium le FAIT SCIENTIFIQUE. La méthode doit-être impersonnelle comme la science pour avoir une valeur réelle et positive. Elle doit donc contenir le vrai critérium impersonnel. Cette méthode objective, unique, rigide comme la science faite, met l'homme à l'abri des entraînements si captieux de la passion et de la personnalité. aussi bien que des entraînemens des fois et des superstitions.

Il faut sortir de ces deux erreurs qui nous plongent dans l'oscillation mortelle où le combat des décadences nous épuise. Il nous tuera si nous ne prenons pas l'énergique parti de rompre avec ces fausses méthodes et de nous attacher exclusivement à la MÉTHODE IMPERSONNELLE à la SCIENCE IMPERSONNELLE par le CRITÉRIUM IMPERSONNEL. (Voir *Ultimum organum méthode générale*, *Loi de l'Histoire*, *Religion de la Science*, qui sont les phases de la transformation des *sociétés de Foi en sociétés de science*. **Je dis bien haut au monde : c'est le seul salut des temps MODERNES**

DANS LA GRANDE LUTTE DES PEUPLES, LA PRIMAUTÉ RESTERA A CELUI QUI AURA LA MÉTHODE ET LE CRITÉRIUM INFAILLIBLE LE PLUS IMPERSONNEL ET LE PLUS SCIENTIFIQUE.

Cet axiome devrait être écrit partout sur tous les édifices publics.

J'ai tout fait pour que cet avantage fut assuré à la France. Je lutte depuis quarante ans pour lui donner cette force. Oui j'ai tout fait, en écrivant sur la méthode générale les ouvrages les plus considérables qui lui aient été consacrés en aucun temps et chez aucun peuple.

J'ai poussé la question plus loin qu'aucun philosophe en aucun pays. De plus j'ai réduit la méthode à quelques aphorismes pratiques mais contenant la science constituée régulatrice de la vie. J'ai prouvé qu'elle est la loi générale et la plus intime du développement de l'humanité ; enfin j'ai fait sortir de l'essence de la méthode et de l'essence de la science la RELIGION DE LA SCIENCE, c'est-à-dire enfin la certitude religieuse sans aucune superstition.

Le temps presse. Il faut que la méthode impersonnelle soit le *vade mecum* de l'enfance, de la jeunesse, de l'homme fait, au lieu des méthodes *subjectives* de l'expérience, de l'évidence, de la conscience, méthodes rationalistes et des méthodes paralysantes. Il faut que la nouvelle génération se lève forte de cette arme invincible et pacifique, qui seule mettra l'ordre dans notre chère liberté.

C'est par l'ordre dans l'esprit des individus qu'on peut faire l'ordre dans les sociétés libres. Entends-le, Paris. En-

tends-le, France. Il n'y a pas d'autre moyen. TOUT HORS DE
LA EST DICTATURE.

III. — Ces travaux scientifiques, abstraits en eux-mêmes,
se réduisent à des questions de bon sens qui peuvent être
enseignées aux enfants. Le cathéchisme des Fois abstrait
jusqu'à l'incompréhensible, parce qu'il est impossible, est
appris des l'âge le plus tendre. Les sciences physiques elles-
mêmes, fort abstraites encore, sont dans les mains de l'ouvrier le moyen facile et pratique de ses opérations. Ainsi en
est-il de la MÉTHODE, directrice des actes de la pensée et de
l'action de l'humanité dans tous les temps. Du reste la
méthode générale impersonnelle traduite à l'étranger y est
enseignée depuis 30 années. L'expérience a donc été faite.
Elle peut être enseignée puisqu'elle l'est.

La France ne procédera-t-elle donc que par engouement ?
se laissera-t-elle donc toujours distancer ? Ne trouvera-t-elle
ses propres doctrines bonnes que lorsqu'elles lui reviennent
de l'étranger ? N'y a-t-il pas là une inertie qui tombe au
ridicule ?

Ce n'est que parce qu'on donne la loi de la *Méthode*, que
l'on peut guider. La France a toujours été le pays de là méthode par l'idéal frank, par Abeylar, Rabelais, Pascal, Descartes. J'espère qu'elle continuera de suivre le progrès de cette
science ébauchée par ces grands hommes. Aujourd'hui ces
aperçus ont fait leur temps. Tout doit être *science faite* désormais. La *science constituée de la méthode* peut seule per-
mettre à Paris et à la France de continuer à diriger le progrès du monde, parce que seule elle donne le critérium
absolu et impersonnel du Vrai, axe d'évolution de l'humanité tout entière.

Que Paris se déshabitue d'aller consulter les pseudo-
infaillibilités de Rome et d'Allemagne, si peu sûres par le
mensonge, par l'intérêt et par le faux raisonnement. Rome
ne peut que l'attacher à son propre linceul et l'entraîner
dans sa mort. Les Allemands démarqueurs des inventions
des autres peuples nous doivent leur réputation. Leur phi-

losophie morte n'a vécu que de Descartes, et copie aujourd'hui notre 18e siècle. Leur littérature a tout emprunté a Schakespear et à Voltaire, leur science a Darvin et a Lamark. C'est en copiant la stratégie de Napoléon Ier qu'ils nous ont accablés par surprise. Ils veulent copier Paris et lui enlever son rôle universel. Qu'ils aient donc le grand cœur de génie qui a su rédiger les *droits de l'homme*, et concevoir la FÉDÉRATION UNIVERSELLE, qu'ils présentent une conception de la MÉTHODE et du critérium plus scientifique que la MÉTHODE GÉNÉRALE, OBJECTIVISTE, IMPERSONNELLE DE L'ULTIMUM ORGANUM.

Le succès unique des expositions françaises montre que l'univers à fait spontanément de Paris le centre des nations civilisées. Il se plait là. Marché du monde, Paris doit être Athénes et Venise, Florence et Gènes. Il doit être la ville du bien-être assuré à tout ce qui par le travail est digne de la vie. Il doit être ce qu'il a été dans le passé : l'université du monde. Il ne peut plus l'être qu'en étant la ville de *la science de la Méthode* remplaçant les aperçus des méthodistes rationalistes et fidéistes. C'est le PARIS DE L'ÈRE DE LA SCIENCE. Qu'il la crie par ses monuments, ses actes, ses institutions, ses ouvrages, ses libertés.

IV. — Il faut donc entreprendre sans retard les travaux d'embellissement et d'affirmation du grand idéal de la France qui doit assurer à Paris sa vieille primauté. Il faut que ce soit là un plan suivi dont rien ne détourne. On peut commencer par les travaux qui seront des gains pour la Ville et permettront les dépenses subséquentes ; mais il faut laisser de côté le petit esprit qui est parvenu à faire un vice de cette belle vertu : la prudence. Il faut prendre le magnifique esprit de décision réfléchie de la science faite, qui marche toujours en avant dans la force que lui donne sa base d'action.

Qui aurait annoncé en 1850 la reconstruction de Paris eut passé pour un fou. Les mesures que nous proposons sont commandées par la prudence et la prévoyance. Comparant les développements des autres peuples aux notres vous comprendrez ce que nous devons à notre grandeur, à notre dignité, à notre rang, parmi les nations.

Les plus values des impôts pourraient être appliquées à ces vastes ouvrages. On répandrait l'aisance, on remplacerait l'aumône par le travail. On empêcherait l'exploitation de l'ouvrier par les sous-traitants. La République pourrait voir sans crainte venir les questions sociales, que l'association et la coopération résoudraient en partie. On assurerait le prestige de notre noble Paris et l'influence universelle de la Patrie.

De tels avantages seraient plus utiles et précieux qu'un simple dégrèvement des charges qui pèsent sur les familles sans travail. Ce sont celles là même qui bénéficieraient de ces grandes dépenses. Elles en retireraient plus de bien être que de la diminution de quelques impôts. Je crois politique. national, humain, de commencer sans retard. Chose inouie à la veille de l'exposition un grand nombre d'ouvriers laborieux sont sans travail honnêtement rénuméré, n'est-ce-pas incompréhensible ! que se cache-t-il la dessous ? Je n'ose le dire.

Paris ville de l'art et de la beauté, ville de la science, et université du monde, Ville de l'industrie et centre des grands échanges de la terre, Ville de l'urbanité cette vieille gloire française, ville de la bonté, cette vertu traditionnelle, ville de la justice, cet idéal de sa naissance, ville de l'ordre et de la méthode scientifique, Paris chercheur du génie et non plus son écraseur frivole, Paris sera sans conteste la sublime ville de la paix, du progrès, et vraiment par là, la capitale de l'univers à qui elle donnera le grand but de l'avenir, de la méthode, pour réaliser cet idéal la fédération universelle qui est notre rêve d'amour de l'humanité toujours rivé dans son cœur.

CHAPITRE III

LE SALUT DU PRÉSENT

UNE NOUVELLE DÉCADENCE DU RATIONALISME

I. — La dictature est partout.

Tous les partis nous y poussent et je n'ai besoin d'en accuser personne.

Elle nous enceint de toutes parts, malgré toutes les bonnes volontés, tous les désirs loyaux de conserver la République et la liberté. Elle traque même ceux qui ne la veulent pas. C'est le rationalisme impuissant qui traine les hommes et qui permet à ceux qui sont vils les buts honteux.

Rendez-vous compte : Qu'est ce que la liberté, la République ? c'est le règne des raisons, par toutes les raisons unies, se manifestant par le vote. Dès que ces conditions ne sont pas remplies, la liberté cesse. Le régime parlementaire est donc le signe nécessaire, l'exercice unique et logique de la liberté et de l'unité des raisons.

Mais si les raisons sont faussées par les dogmes, par les mille divergences que notre éducation sans unité met dans tous les esprits, par les hypothèses personnelles, par les intérêts sordides, par les lâchetés d'âme, le régime parlementaire devient impossible ; il n'est plus qu'une anarchie, un désordre, un déshonneur.

Concluez : On ne peut sortir de là que par la dictature modérée ou tyrannique imposant ses lois propres, c'est-à-dire que la décadence du rationalisme aboutit nécessairement aux fidéismes.

Je ne crée pas un tel état. C'est la fatalité logique des situations imposées aux peuples par les critériums et les méthodes de conduite qui les dirigent, même sans qu'ils le sachent et s'en rendent aucun compte.

La liberté est en principe impossible par les *fidéismes* des dogmes religieux, dictatoriaux, royaux, impériaux ; mais elle le devient aussi très rapidement par les raisons débridées, qui font chaque homme Pape et Roi de lui-même, en attendant qu'il se fasse Dieu. Tous bientôt n'ont pour but que leurs intérêts individuels, ou ceux de leurs partis, de leur coterie. C'est la double leçon des siècles. C'est la loi première et profonde de l'Histoire. Vous entendez : C'EST LA LOI DE L'HISTOIRE !

II. — De quelque côté qu'on se tourne, la situation semble inextricable. Il faut être un bon peuple comme la France pour en sortir y parviendra-t-elle ? Je lui en donne les moyens.

Je crois à la parfaite bonne foi des admirables courageux qui veulent ce que je veux aussi, moi : l'ordre loyal dans la liberté. Mais ont-ils d'autres critérium conducteurs que la raison ? Non. Ils ont leur simple raison personnelle ! Si puissante qu'elle soit, c'est trop peu. Qu'un homme soit assez noble, fort et vertueux pour rester un dictateur modéré, respectant les bornes de la liberté, il n'en n'ouvre pas moins la voie à des successeurs moins scrupuleux, qui imposeront leur raison propre à la raison de tous. Nous sommes dès lors ici déjà dans le fidéisme d'une dictature, qui peut rapidement mener à une royauté, à un empire. Je vous le dis : c'est fatal, malgré vos loyautés et vos nobles intentions !

III. Nous sommes d'autre part dans la guerre dictoriale des diverses Fois. Juifs et protestants unis contre catholiques, races réformées contre races latines. C'est le fond de notre situation. Tous les éléments de guerre se trouvent unis.

S'il est vrai que Léon XIII feigne de s'allier aux Juifs, quel serait son jeu ?

Il est facile de le découvrir : Recevoir des Juifs des monts d'or, qui l'aideront à les abattre, après qu'eux-même l'auront aidé à abattre la liberté en France, car *c'est là le premier ennemi* !

Ces combinaisons doubles sont dans l'esprit de ce politique, dont la caresse habile nous fait plus de mal cent fois que la brutalité de son prédécesseur. Pie IX avait du sang du moyen-âge dans les veines ; Léon XIII est l'élixir condencé du jésuitisme, ce mal dont on ne guérit pas ; comme Bismarck était un résidu de la Bible.

L'alliance des trois cultes contre la France peut donc être très habile, mais elle n'aurait que la valeur de celle de la Prusse avec l'Autriche contre le Danemarck. Les alliés se visent au travers de leur conquête.

Il est à jamais impossible que les fils hérétiques du même livre et du même Dieu Molock soient des alliés sincères. Leurs divergences les fait ennemis ; leur Dieu leur souffle à tous, l'implacabilité. Ils ne s'unissent que pour mieux se déchirer. Ces trois cultes n'ont amené et ne peuvent amener que haines, que supplices, attentats, batailles et massacres de tous les dogmes dans tous les temps, qu'ils soient alliés ou isolés. C'est la fatalité logique, qui dit *Foi*, dit haine et destruction de ce qui n'est pas elle.

La tolérance n'est qu'un mot. Voltaire n'a pas eu l'esprit assez pénétrant pour le comprendre. Espérer dans la tolérance est un enfantillage. La tolérance c'est l'indifférence.

Ce ne serait en effet, que le commencement pour le prévoyant à longue vue qu'est le pape Léon. La politique de l'Église est d'ailleurs de portée indéfinie, d'espérance tenace et voyant de haut et de loin. Léon peut avoir rêvé de faire abattre par les trois cultes réunis tous les gouvernements laïques d'abord ; la guerre finale serait entre les cultes devenus rois-maîtres.

La papauté espérerait alors abattre les deux autres puisqu'il aurait resaisi la France, et il espérerait faire vivre enfin cette catholicité, l'épouvantable tyrannie des âmes, des esprits, des corps, qui a été l'éternel bùt de l'Eglise, la grande maitresse du feu éternel.

IV. — Nous entrons dans le chaos.

Que les cultes s'unissent ou se combattent immédiatement c'est la guerre latente ou patente ; c'est la souffrance universelle par eux comme par les dictateurs, les impérialismes, et les folies de la raison de chaque individu.

Les Juifs sont infusibles dans les peuples comme les bohémiens. C'est un monde parasite, pourquoi ? C'est un peuple prètre. Ils ont les vices et le néant du prètre, sauf de nobles exceptions, mais ceux là n'ont plus l'esprit juif.

Improductifs les juifs sont accapareurs. Ils sont un danger.

Le grand Fourrier l'a entrevu en partie ; il a dit : En un siècle ils auront enlevé l'industrie commerciale aux nationaux. Cette prédiction de génie est vérifiée, on peut le dire, en Europe. Le Juif c'est le culte du veau d'or. Ils tiennent la France par la terreur de la banqueroute.

Ils sont la finance universelle confisquée, avec tous les abus et les bassesses que nous voyons. Le monde s'imprègne de cette pestilence morale.

Le catholique c'est la confiscation de l'àme et de la volonté et par là la confiscation des biens.

Le protestant participe des deux, Il a les mèmes vices, avec les brutalités de la Bible remplaçant les brutalités catholiques. On connait les horreurs des *Trusts* américains.

Voilà les fidéismes religieux auxquels se joignent les fidéismes tyranniques des conducteurs de peuples, rois, empereurs, dictateurs.

D'autre part, les rationalistes individualistes émiettent la nation au gré de leurs hypothèques sans portée, de leurs passions sans fin, de leurs convoitises sans limites et de leurs intérêts sans pudeur.

Tous ces hommes sont le bien d'autrui passé dans l'escarcelle d'un *habile*, pour ne pas leur donner leur vrai nom. L'âge de l'agio juif est l'âge des millionnaires *heureux*.

Le régne des juifs tant de fois prédit est commencé.

Aujourd'hui ils croient avoir suffisamment saisi les grandes avenues des nations, surtout de la France. Avec l'étranger cet envieux éternel de notre idéal, ils viennent pour nous annihiler. Ils visent à anéantir la liberté pour tenir dans leur main le tyran, comme leur Daniel à Babylone. Vous reconnaissez le peuple prêtre identique à lui même dans le temps.

L'affaire Dreyfus n'est qu'un misérable prétexte. Qu'elle soit close, rien ne sera fini. Il faudrait qu'on put arriver à juger tous les traîtres à la France. Ils sont légions. Que tous les partis réfléchissent. Nous devons la paix intérieure à la Patrie.

V. — Existe-t-il encore d'honnêtes hommes? A peine peut-on faire des exceptions. Comment voulez-vous que le rationalisme vive? Il ne peut vivre que par les vertus, tenant par le dévouement la place de la vérité.

Le monde est peuplé de misérables conscients et inconscients. Il marche sans comprendre où il va et ce qui le pousse.

Les Fois vont jouer leur va tout. Les dictateurs, les empereurs, les rois vont jouer le leur aussi.

Les guerres de religions recommencent mêlées aux guerres d'organisations sociales, sous d'autres formes que par le passé, mais tout aussi terribles.

Est-ce que ce seront leurs dernières convulsions?

C'est le cataclysme. Voyons le sans effroi, sans passion, soyons calmes et forts.

Les dogmes de toutes les Fois sont des faussetés, des cruautés épouvantables.

Les dogmes des chefs d'Etat sont des tyrannies sans pitié.

Comment pourrait-il sortir des moralités d'âmes de tous

les faux dogmes qui sont les conducteurs des hommes et servent de critériums à la vie.

Vous êtes tous pauvres humains, pauvres hommes, pauvres femmes, des misérables à l'état latent et patent. Vous êtes tous, j'entends les bons aussi des criminels par fatalité deprincipes. Vous avez la vertu et à la première occasion, c'est-à-dire à toute fin logique de vos principes vous vous montrez ce que font de vous vos Fois religieuses et laïques : des monstres !

Fois indoues et chinoises, Fois mosaïque, chrétienne, catholique et protestante, Foi mahométane, vous êtes toutes les infâmes meurtrières du monde. Vous vous valez toutes parce que toutes vous êtes des dogmes, des hypothèses tenues pour certitudes, des mensonges tenus pour vérités et qui s'imposent et que vous imposez.

La *Méthode impersonnelle* qui seule établit l'équilibre des sciences faites, peut seule reposer dans l'ordre et par là dans la paix universelle, toutes ces personnalités implacablement et souvent innocemment coupables. Méditons-le.

VI. — Il n'y a qu'un moyen pour améliorer les époques de rationalisme et de fidéisme, c'est de leur donner la solidité des sciences. Mais alors c'est changer ces rationalismes et fidéismes en impersonnalisme

Il n'y a donc qu'un seul moyen d'améliorer une République et de maintenir la liberté vivante, c'est d'améliorer les raisons, les esprits, et par là, les cœurs les âmes.

Mais il y a un moyen d'améliorer, bien plus de fortifier les raisons jusqu'à les rendre solides comme le roc, c'est de leur donner des lois de sciences faites.

Mais pour arriver aux sciences faites, il n'y a encore qu'un moyen c'est d'avoir la *clef* de la science comme parlaient nos aïeux les Franks. La *clef* de la science qu'est-ce donc ? C'est la méthode faite science elle-même et son critérium infaillible.

Infaillible ! Ce mot est-il humain ? Non. L'homme est essentiellement faillible, même le plus grand esprit, même

génie. Donc le critérium infaillible doit-être, est nécessairement, fatalement *impersonnel* et supérieur à l'homme
même, à tout homme sans exception.

C'est là en deux mots l'essence de la méthode impersonnelle, le seul sauveur dans des situations comme la nôtre.

Ou retomber sous le fidéisme laïque, religieux ; ou maintenir la liberté ordonnée par l'impersonnalité de tous ; c'est
le dilemne infrangible.

L'homme est habitué par le rationalisme à ne croire qu'en
lui, à se dire qu'il fait la vérité. C'est la puérile vanité aveugle de l'ignorant comme celle du savant, tant on a peu
approfondi la science de la méthode. Fatalement le rationa-
nalisme aboutit au culte du moi, et bien plus à l'homme
Dieu. On peut regimber, prêcher tolérance, on est entraîné.

Le premier axiome de la *Méthode impersonnelle* est que
la vérité n'est pas dans l'homme.

Donc il doit la chercher hors de lui dans cet ensemble qui
compose les faits et les lois de tous les ordres. Et ne voyez-
vous pas que c'est précisément toute la vie ? A quoi servent
en effet les interminables années de l'éducation, qui, si vous
regardez bien ne finissent qu'à notre mort, sinon à chercher
quelque chose et toujours plus que la vérité ? Ce sont là des
faits indéniables.

Aussi, de ces faits j'ai tiré l'axiome de l'existence sociale,
l'axiome de l'existence de la pensée, bon sens et haut savoir.
L'homme n'a pour critérium que cette chose qui est toute
chose : *l'indestructibilité absolue du fait* qui s'impose
alors axiomatiquement. Hors de là l'homme est dans l'hypothèse rationaliste des fidéismes ou dans l'hypothèse rationalisme individuelle ; et par ces deux il court aux abîmes.
Arrêtez-vous, chers amis, chers Français, le salut de la
France, le salut du monde est dans vos vertus et dans le
solide critérium qui dirige vos esprits.

VI. — Du fond de ma solitude recueillie dans la science
et l'art, méprisant toute ambition, j'ai fait déjà une tentative
publique de paix en proclamant la *Ligue de la Concorde*

entre les partis qui veulent la liberté et la République. Je la renouvelle ici.

Je crains qu'ils ne s'obstinent à la continuation de la guerre, car je connais les principes, c'est-à-dire des critériums qui les poussent : le triomphe de leur moi, le triomphe de leur raison, le triomphe de leur foi, le triomphe de leur hypothèse, le triomphe de leur intérêt, qu'ils cherchent également à imposer. Il ne font pas attention que nous n'avons tous qu'un droit et ne devons avoir qu'un but : le triomphe de la science car la science c'est la vérité absolue c'est-à-dire divine.

Qu'ils tremblent, ils inaugurent de nouveaux fidéismes en exigeant que la nation se conduise, selon un système individuel quelconque. Il n'y a que la science faite qui soit exclusive de tout système personnel,

Encore un coup le *Rationalisme est condamné à se sauver par l'accord des raisons*, c'est-à-dire par le dévouement d'un parlementarisme, où des majorités *saines, fermes et pleines de vertus*, veulent spontanément et avant tout l'ordre. Si tôt que la discorde, la bassesse, la vénalité, le mensonge, le personnalisme se mettent dans les parlementarismes, *ils sont condamnés à perdre le principe du rationalisme et à adopter* CELUI DES FIDÉISMES déguisés ou avoués, c'est-à-dire à chercher un pouvoir individuel quelconque. Aussi nous voyons autour de nous s'agiter les princes de royauté et d'empire, les clergés de tous les cultes, et les systématiques de tous les camps. C'est la logique en acte.

Voilà le fond vrai de la bataille qui se livre autour de nous, bataille de critériums qui perd la France en osant attaquer et affaiblir son organisation sauveuse des périls extérieurs, son armée. Certes, il faut corriger les abus là plus que partout ailleurs car elle est le salut, mais on doit la respecter, non l'abattre. Ils sont navrés les cœurs qui vivent encore, et les esprits qui pénètrent vraiment jusqu'au fond.

Je vous le dis : le monde ne peut vivre en paix que par l'abnégation devant la science ou par les vertus du désintéressement et du dévouement. Si vous refusez, la France peut y périr, vous serez ses assassins. Vous ne pouvez en douter. Voyez la joie de l'étranger et comme il pousse à nos discordes.

VII. — Les certitudes humaines n'ont été jusqu'ici et ne sont souvent encore que des faussetés dogmatisées, que des hypothèses admises pour la nécessité des opérations. Tels sont les cultes des différentes Fois, que le monde a vu périr successivement, et qui périront toutes, parcequ'elles ne sont que des suppositions de certitude, des dogmes. La liste en est longue et bien connue. On a dit des messes à Baal, à Cybèle, à Jupiter, à Odin, à Wichnou, à Krishna, à Bouddha, à Isis, aux empereurs romains, et à tant d'autres comme à Jehovah, Mahomet et Jésus. Tous ces sacrifices divins et leurs prêtres s'effaceront devant la *Religion de la Science*, la seule contenant les lois absolues des sciences, donc les lois de l'Absolu et cela sans prêtre. C'est la Méthode et la science faites seules qui accompliront cet œuvre. La poussière de peuples qui est l'humanité ne vénérera plus cette poussière de Dieux.

En effet l'ordre ne peut s'établir dans le monde que par des lois certaines, comme je l'ai dit, des lois de sciences faites par conséquent.

Il s'ensuit que l'homme doit renoncer à ses hypothèses personnelles. Et quelles sont les hypothèses personnelles ? Toutes celles qui ne partent que de la raison d'un homme, qu'il soit un dictateur, un roi, un empereur, un prédicateur religieux, ou qu'il soit un individu isolé dans la foule, ou des individus groupés. Il n'y a d'impersonnel que la science faite, parce que l'homme n'y parle pas et qu'il cède la parole au FAIT.

Il faut donc renoncer aux *méthodes fidéistes* qui apportent les hypothèses imposées d'un prédicateur religieux, d'un empereur, d'un roi, ou d'un dictateur. tout aussi bien qu'aux *méthodes personnelles* aux individus avec ou sans titre et sans mandat, c'est-à-dire *méthodes rationalistes*.

Toutes ne sont en effet que le produit de la *raison humaine* et ne s'élèvent pas plus haut que l'homme. C'est leur faiblesse incurable ; c'est la nôtre à tous ; c'est l'homme.

Il faut, avons nous dit, les lois certaines des sciences faites donc il faut les lois absolues contenues dans les sciences faites.

Mais les lois absolues ne sont pas les lois de l'homme, ce sont les lois de l'absolu qui s'imposent à l'homme et le conduisent dans l'ordre. Avoir le sens de l'absolu c'est avoir le sens de la science, de ses lois et de leurs conséquences. C'est tout.

Mais qu'est l'absolu ? Sans entrer dans le détail qu'a expliqué la Religion de la Science, débarrassant l'humanité de tous les cultes rationalistes et fidéistes à la fois ? l'Absolu c'est ce que l'homme a appelé Dieu. Puisque l'Absolu est dans les lois, Dieu l'absolu sort donc des lois de la science et il ne peut y avoir d'autre culte que la *religion de la science*.

L'Ordre ne peut donc être établi par l'homme réduit à ses propres forces ; il ne peut l'être que par les lois absolues, donc que par l'absolu ; donc que par la loi de Dieu, donc que par Dieu. Au fond cela n'est que la science.

Ainsi l'homme pour établir l'ordre social a besoin de sentir au dessus de lui les lois de Dieu, Dieu, qui l'élève au dessus de ce qui est incomplet dans la débile humanité.

VIII. — Il ne faut donc pas dire : *ni Dieu, ni maître*, il faut dire : *Dieu pour éviter tout maître* ; Dieu par les sciences faites, non par le prêtre. Il faut dire : *ni prêtre, ni maître*. Qu'on soit prudent, incendier son siècle n'est pas l'éclairer.

L'atheisme est un simplisme antiscientifique. C'est une négation sans preuve. Qui dit : « ni Dieu ni maître », *préjugé* que la science ne trouvera pas l'absolu, le Dieu. Il borne la science par une hypothèse à priori qu'il donne comme certitude ; il fait un dogme comme les Fois elles-mêmes, L'athéisme n'est qu'une Foi.

Qu'il médite ce qui est l'essence de la science, c'est l'ensemble des lois absolues ; on ne peut donc la limiter.

La science faite, équilibrée dans sa totalité, depuis la science de la méthode jusqu'à la plus petite d'entre les branches du savoir, nous prouve sans un doute qu'elle contient les lois de l'absolu. Mais que sont les lois ? Les idées ordonatrices de qui est, car tout est ordonné pour un but préconçu. Les idées ne peuvent concevoir sans un esprit qui en est capable. Donc les lois des sciences sont les idées même de l'esprit absolu, l'esprit pur, Dieu !

La méthode impersonnelle en donne la nécessité logique. La vie est la preuve de cette nécessité ; car la vie augmente sa puissance au fur et à mesure de la découverte des lois.

En apprenant, en approfondissant la science, nous apprenons, nous approfondissons les lois de Dieu, donc les idées de Dieu et par là Dieu même.

La science c'est l'homme voyant par l'absolu ; c'est l'absolu vivant en l'homme ; c'est l'homme vivant par les idées de Dieu, donc c'est Dieu vivant dans l'homme.

La science seule pourra réaliser ce miracle faussé toujours mais désiré, entrevu par les Fois à jamais incapables de l'accomplir. L'avenir marchera religieux avec ce sentiment scientifique sans cesse présent. En aucun temps l'humanité n'a connu tant de solidité et d'élévation. La religion sera la vie, puisque la science sera la religion. Certes, à dire ces mots on se fait mille ennemis, mais ces ennemis c'est la gloire.

Entrez dans ces profondeurs si grandes et si simples, pauvres esprits, vous qui ne vous laissez prendre que par le mot pittoresque, vous trouverez bien mesquin et risible de petitesse l'enfer des Dante et le « laissez là toute espérance ! » Je vous dis avec la science : « ouvrez là toute espérance » car la science ne finit pas, et la science faite est la voie vers Dieu. Oui la voie vers l'ordre libre des esprits et des sociétés est la voie vers Dieu même.

Comprenez donc que la religion de la science est l'équilibre de la liberté. Équilibre qui seul peut créer l'ordre libre, où l'autorité sera la servante de tous, où la misère ne sera plus un crime, où la justice sera la vie. Rentrez en vous, ayez de la conscience, quoique homme.

IX. — On a tout à gagner en déclamant contre les vices comme font les prêtres de toutes Fois. Les hommes entendent par dessus leurs têtes passer les mots sans les prendre pour eux et les voient tomber sur le dos des voisins. Il n'en est pas ainsi quand on s'adresse à une Eglise, a une institution, à une société organisée. Qui les attaque meurt broyé de calomnies et de douleurs. Il voit s'enfuir ses amis, ses apôtres. Histoire bien vieille, toujours neuve. Les apôtres ont peur, Le lutteur reste seul, cœur brisé et plein de pardons.

Toute la question pour faire accepter une œuvre belle mais vraie et neuve, c'est d'avoir assez d'amis intelligents pour assembler ces troupeaux qui bêlent après que le mâle a bêlé. Ce succès suffit aux foules qui font passer des niaiseries à l'immortalité. Il est méprisé de ceux qui n'apportent que le vrai et ne veulent le succès que de la parole du vrai. Ils lui disent : « parle pour moi », et ils attendent dans la solitude loin de toute déclamation et de toute intrigue. « L'œuvre est là, voilà tout ». Ils ne disent que ce mot simple et auguste. — Hommes, c'est à vous de pénétrer ces vérités et de les mettre en acte. Et vous critiques, c'est votre devoir de courir au devant des œuvres. Remplissez votre devoir comme le chercheur remplit le sien au lieu de faire des succès de complaisance. de coteries, de finances et si souvent immérités.

Il faut être un peuple naturellement pondéré comme le Français pour sortir de la situation qui nous est faite depuis près de deux ans. Comment des duels n'éclatent-ils pas de tous côtés ? Comment notre admirable armée reste-t-elle si noblement calme au milieu des insulteurs ! Quelle certitude qu'on est dans le devoir et le droit chemin ! Quelle grandeur d'âme ! Quel amour présent de la Patrie.

Il y a là un sentiment d'impersonnalité qui seul peut nous sauver des guerres civiles et des tyrannies. Ce sentiment c'est le sens que donne le dévouement. C'est immense; ce n'est pas assez! Il faut que l'esprit monte à la même hauteur d'impersonnalité que le cœur chez nous sait atteindre. Il faut qu'on se conduise intellectuellement par la méthode impersonnelle.

X. — La MÉTHODE IMPERSONNELLE fait sa route.

Elle ne peut aller aussi vite que celle de Descartes. Pourquoi? Le *rationalisme* flattait l'homme dans son orgueil, dans ses passions, en débridant la *raison* de chacun. Je prouve que c'est la mort de l'ordre dans les esprits et dans les sociétés.

Je ne bride pas l'homme certes, par des règles arbitraires comme les dictateurs, les *Fois* et les *Rois* qui appellent les terreurs et la force à leur aide.

La *méthode impersonnelle* ne soumet l'homme qu'au *critérium impersonnel* des lois et des sciences, Par là elle ne le soumet qu'aux lois de certitude.

Mais l'homme ne veut pas être bridé même par la vérité. L'insensé il veut être le maître de soi et du vrai. Il ne se rend même pas compte qu'il subit les *lois* des sciences faites. Dès lors il n'est maître de rien.

Voilà la force électrique. Si vous n'avez pas la science pour la manier, elle vous tue. Vous en êtes donc l'esclave. Mais vous acquiérez la science, c'est-à-dire que vous vous êtes soumis *de votre plein gré* à cette force pour l'étudier. Vous vous en êtes donc fait l'esclave volontaire, Soudain vous en voilà le maître. Elle grandit votre puissance dans la liberté. Et, comme elle est science faite, votre esclavage sacré vous fait entrer dans l'ordre libre.

Les sages viennent à la *méthode impersonnelle* ; ils sauront peu à peu en faire accepter la nécessité à l'homme, dans son propre intérêt. On comprendra enfin.

Il ne s'agit que de se mettre en situation devant la *hauteur unique* de ce problème ; soudain tout paraît d'une simplicité entière.

Alors on se dit : comment n'ai-je pas compris plutôt ? Comment le monde a-t-il vécu tant de siècles au milieu des tourmentes sans pénétrer ce mystère si lisible dans la nature entière et dans l'homme?

Les stradiens sont nombreux en France à l'étranger où la Méthode Générale a été traduite dans plusieurs langues et enseignée.

Ce sont les partisans de la méthode impersonnelle qui se sont donnés eux-mêmes le nom de *Stradiens*. Comme on dit les *Cartésiens*. M. Ed Petit est un des premiers Stradiens de ces dernières annees. Il écrivait à l'auteur qu'il soutiendrait sa doctrine jusqu'à la mort. Aussi je l'en remercie toutes fois que j'en ai l'occasion. Il continue par la mise en œuvre très active de l'*Ecole après l'école* qu'il a reçue de Strada. Combien d'autres depuis ce temps, se sont joints à la Méthode impersonnelle. Loyaux esprits hors ligne, disciples désintéressés et ardents ils ont défendu avec un talent supérieur et une grande profondeur de vue et de savoir les doctrines de Strada contre les attaques que les fidéistes en ont faites. Ils veulent fonder une *Revue Stradienne*. Ce sont eux seuls encore qui lui ont donné ce nom. Je crois qu'elle ne tardera pas à être organisée et à paraître. Ce sera le premier pas de *l'ordre express* dans les esprits, et de *l'ordre libre* dans les sociétés. Quelle lutte contre les pêcheurs en eau trouble !

Les Allemands considèrent l'enseignement universitaire comme le plus puissant instrument de germanisation, on le sait. Il faut que les universités de Paris et diocésaines soient le plus puissant instrument d'unification et de francisation, sinon, la concurrence des peuples nous annihilera. L'esprit Français disparu, que serait la France? Que serait le monde? Croyez-vous que si la France n'était pas là, l'Empereur de Russie eut fait la proposition de désarmement, sous laquelle facilement on reconnait une conséquence de la Fédération Française ?

Que l'on médite. C'est le dessous profond de la situation. La *Méthode impersonnelle* voit bien plus loin et nettement que l'Allemagne et qu'aucun peuple dans la question d'enseignement, d'unité universitaire et d'ordre social. Que la France soit la première à l'appliquer. C'est pour elle la victoire du présent et de l'avenir dont elle sera la mère immortelle.

La méthode science étant nécessairement *une*, les universités deviennent *unes* par pure logique ; la nation instruite par ces unités devient une ; l'unité de l'humanité en fédération sera le dernier terme.

XI. — Paris serait, deviendrait donc la VILLE DE L'ORDRE.

En effet, nous venons de voir que l'homme arrive à la loyauté de l'esprit logiquement, nécessairement, en suivant la *méthode et le critère impersonnels*. La loyauté de l'esprit conduit à la loyauté du cœur, et toutes deux à l'ordre.

Que deviendrait Paris, que deviendrait notre France avec cette belle émulation de toutes les universités diocésaines vers la loyauté de l'esprit ? Nul doute que notre bonne nation n'arrivât à une hauteur morale supérieure à celle de tous les temps et de tous les peuples. L'homme qui cherche la vérité du *Fait* a l'horreur du semblant, du mensonge. Cette belle haine est le premier pas de la moralité. *La probité est l'A, B, C, de la méthode impersonnelle*. C'est au sublime de la probité de l'esprit et du cœur que la *méthode impersonnelle* conduira ses adeptes ; c'est donc à l'ORDRE LIBRE qu'elle fera aboutir la société.

Nous n'avons pas dans ce volume à entrer dans la considération des mœurs et de l'organisation économique et sociale.

Nous réservons ces sujets aussi délicats que compliqués pour les applications sociales directes de la MÉTHODE IMPERSONNELLE à l'ère de la science. Nous nous contenterons ici de dire que Paris devrait prendre *sans retard* l'initiative d'un congrès international pour la protection de l'ouvrier en le poussant à la coopération, en l'aidant à l'organiser.

Quant à ce que je propose en ce livre, accomplissez-le, O Paris, O France. Cela sera certainement dans un avenir plus ou moins prochain. C'est la fatalité de la *Méthode générale* de conduire les hommes et les sociétés ; c'est la fatalité

de la science de conduire l'avenir ; c'est la Fatalité de la
Méthode *science faite* d'être la conductrice finale de toute
l'humanité. France, la primauté t'appartient, car tu fus dans
les siècles, tu es encore le peuple de la clef de la science. Ne
laisse pas prendre ta place dans ce dernier bond de la méthode
arrivant à la perfection puisqu'elle est science faite.

La liberté est si sublime qu'elle ne peut vivre avec le faux
et le vice.

Paris, France, ayez toujours présent au cœur, à l'esprit
ce mot qui résume tout : « On ne peut *sauver* et établir
« l'ordre que par les lois de science, cette impersonnalité de
« l'esprit et par le dévouement cette impersonnalité du cœur. »

XII. — Et vous, chers Français que j'aime malgré tout,
vous qui depuis quarante ans, lorsque le *Livre de la Méthode*
a été placé au premier rang dans la philosophie du siècle par
le *rapport officiel*, n'avez fait qu'en emprunter des morceaux
pour vous en tailler des œuvres personnelles, philosophiques, psychologiques, romans ou autres, à quoi êtes vous
arrivés ? à quelque notoriété individuelle plus ou moins res-
treinte, et à prouver que l'escroquerie de l'idée est aussi courante que celle de l'argent dans cet âge de Jésuitisme, d'hé-
braïsme et de rationalisme mêlés.

Mais ne comprenez-vous pas aujourd'hui enfin, devant de
tels bouleversements, que si, comme le monde pensant d'il y
a deux siècles, s'est réuni à Descartes et a engendré la Révolution, ne comprenez-vous pas que si vous vous étiez unis,
loyaux, au second Descartes, comme vous me nommez dans
vos lettres, nous serions forts aujourd'huy pour sauver la
France de l'abîme. N'auriez vous pas été plus utiles à la
Patrie, qui malgré tout va au gouffre ? Il n'y a qu'un amour,
l'amour qui aime, qui s'oublie. La liberté est si sublime
qu'elle ne peut vivre avec le faux et le vice.

Pour vous, lecteurs, n'écoutez pas contre moi ceux qui
susurrent dans leur âme comme Iago : « Quand je ne détruis
« pas, je ne suis rien !!! » Je dis quant à moi : « Quand je
« ne puis construire et sauver, je ne suis rien. »

TABLE DES MATIÈRES

TITRE QUATRIÈME
Paris ville de l'Industrie

TITRE CINQUIÈME
Paris pittoresque

TITRE SIXIÈME
Paris ville de l'ordre.

OUVRAGES DU MÊME AUTEUR

SCIENCE

CONSTITUTION SCIENTIFIQUE DE LA MÉTHODE ET DES LOIS DE LA CERTITUDE

1865. — **L'Ultimum Organum**, 2 vol.

1867. — **Méthode Générale**, 1 vol.

1868. — **Point de départ de la Pensée**, 1 vol.

1868. — **Manifeste de la Philosophie de l'Impersonnalisme Méthodique.**

La suite de ces publications paraîtra prochainement.

SCIENCE SOCIALE

1859. — **Le Dogme Social**, 1 vol. (Le dogme social est le suffrage universel),

1861. — **La Séparation des Pouvoirs**, 1 vol.

1862. — **Séparation absolue de l'Église et de l'État**,

1867. — **L'Europe sauvée et la Fédération.**

La suite de ces publications paraîtra prochainement.

HISTOIRE

Esprit de l'Histoire Universelle,

Histoire de France, 10 vol.

Loi de l'Histoire, 1 vol. in-8º, 1894. Alcan, éditeur.

L'ÉPOPÉE HUMAINE

PREMIER CYCLE DES CIVILISATIONS

La Genèse Universelle (Tome Ier) 1890,

Les Races (Tome II) 1890.

Le Premier Roi (Tome III) 1890

Le Premier Pontife (Tome IV) 1890.

Sardanapale (Tome V) 1891.

DEUXIÈME CYCLE DES CIVILISATIONS

Le peuple de Dieu (Tome VI),

La Pallas des Peuples (Tome VII).

Jésus (Tome VIII) 1892.

La Mort des Dieux (Tome IX) 1865.

La Mêlée des Races (Tome X) 1873.

TROISIÈME CYCLE DES CIVILISATIONS

Charlemagne (Tome XI) 1893.

Un bon Roi (Tome XII).

Les Chevaliers du Peuple (Tome XIII).

Abeylar (Tome XIV) 1894.

Communes et Cours d'amour (Tome XV).

Jeanne d'Arc (Tome XVI) 1894.

Borgia, Rabelais, Le Prométhée de l'Avenir, Philippe le Bel, Don Juan, etc., etc.

PHILOSOPHIE — RELIGION

La Pensée Humaine.— Histoire Universelle.— La Science des Religions. — La Religion de la Science, etc. Alcan, édit.

Le Vésinet. — Imp. Ch. BRANDE, 31, rue de l'Église.